K-BEAUTY MAKE UP BASIC

K-Beauty Make up Basic

저자 약력

오인영

- (현) 인덕대학교 방송메이크업학과 교수
- 경희대학교 일반대학원 의상학과 이학 박사
- Ecole Superieure Techinique de Maquillage Artistique de Christian Chauveau
- 스위스 공인 CIDESCO 국제 자격증 취득
- (전) MBC 제작 2부 미술센터
  KBS Art Vision 근무
- 글로벌 전공연계 문화교류단 "K Beauty Idol Trend Make up 특강"(베트남 호치민시 인사대학교, 2023)
- 대만 홍광과학기술대학교 "K Beauty Trends Make Up과 패션 스타일링 특강"(인덕대학교, 2023)
- 대만 정의대학교 한국문화 연수 "K Beauty & 아이돌 방송 MU 특강"(인덕대학교, 2024)
- 일본 문리대학 & 쇼케이 대학 〈2024 인덕대학교 한국문화 단기연수 / "K 아이돌 트렌드 메이크업 특강"〉(2024)
- 한국, 베트남 공동제작, 글로벌 프로젝트 〈봄, 여름, 가을, 겨울 그리고 다시 봄 시즌 3: 베트남 현지 HTV 방송〉 출연자 메이크업 & 헤어스타일링 팀지도(2024)
- 보건복지부장관상 수상(메이크업 국가자격증. NCS, 2018)
- 대한민국 국회 특별상 수상(K Beauty, 2023)

유한나

- (현) 한나뷰티&컬러 대표
  (사)한국메이크업미용사회 중앙회 감사
  인덕대학교 방송메이크업학과 겸임교수
- (전) 백석문화대학교 토탈뷰티학과 초빙교수
  YTN 방송국 분장실 메이크업 아티스트
- 영국 Glauca Rossi Fashion Make up School 졸업
- 이화여자대학교 디자인학부 색채디자인전공 박사수료
- 2020 소상공인기능경진대회 '패션메이크업' 중소벤처기업부장관상

권진아

- (현) 뮤토스타일샵(압구정점, 하남점) 대표
  롯데월드 샤론캣드레스샵 홍보이사
  정화예술대학교 미용예술학부 메이크업전공 겸임교수
- (전) 성신여자대학교 일반대학원 뷰티산업학과 박사수료
  남서울대학교 뷰티보건학과 겸임교수
  성신여자대학교 뷰티산업학과 일본 고등교육 "K-뷰티 프로필 메이크업 강의"(2024)
  중국 남천 직업학교 뷰티학과 "K-Beauty Trend Make Up 강의"(2024/인덕대학교)
  대만 정의대학교 한국문화 단기 연수 "K-Beauty & 걸그룹 방송메이크업 강의"(2023/인덕대학교)
- 패션쇼/뮤지컬/오페라/패션화보/광고/미디어 촬영 외 다수 활동 중

K-뷰티 메이크업 베이직

초 판 인 쇄 | 2025년 3월 20일
초 판 발 행 | 2025년 3월 31일

저 자 | 오인영·유한나·권진아
발 행 인 | 조규백
발 행 처 | 도서출판 구민사
(07293) 서울시 영등포구 문래북로 116, 604호(문래동 3가 46, 트리플렉스)
전 화 | (02) 701-7421
팩 스 | (02) 3273-9642
홈 페 이 지 | www.kuhminsa.co.kr

신 고 번 호 | 제2012-000055호(1980년 2월 4일)
I S B N | 979-11-6875-540-6(93590)

정 가 | 31,000원

K-뷰티 메이크업 베이직

K-Beauty MakeUp Basic

머리말

최근 한국 화장품 수출이 단기간 내 급격한 성장을 이루며 아시아권을 넘어 전 세계적으로 인기를 얻게 되면서 새로운 한류의 중심으로 'K-뷰티(K-Beauty)'가 주목받고 있다. 'K-뷰티' 확산 초기에는 한류스타의 인기에 힘입어 그들이 사용하는 화장품, 화장법 등에 대한 관심에서부터 시작하였으나, 최근에는 해외 소비자들이 자발적으로 한국의 뷰티 문화를 소비하고 공유하는 이용 행태를 보임에 따라, K-뷰티는 '한류 열풍'을 주도하는 새로운 콘텐츠로서의 가능성을 보여주고 있다.

미디어 환경 변화와 수용자들의 콘텐츠 이용 행태 변화에 따라 'K-뷰티'의 성공적인 확산 파급이 가능하게 되었으며, 미디어의 세분화, 스마트폰의 이용 급증, SNS 소통, 유튜브 콘텐츠의 다양화·전문화로 인해 누구나 손쉽게 영상을 제작하여 공유할 수 있는 환경이 조성되었다.

이에 'K-뷰티'는 아시아 국가에서만 소비되는 것이 아니라 소셜미디어를 중심으로 미주, 유럽 등 서양 국가에까지 확산되고 있다,

이와 같은 시대적 흐름과 필요에 따라 보다 전문적이고 트랜디한 전공 교재의 개발이 필요한 시점이다.

〈K-뷰티 메이크업〉은 2권으로 구성하였다. 〈K-뷰티 메이크업 베이직〉에서는 메이크업 기본 용어와 기초 이론, 20세기와 21세기 유행 메이크업 특징, 단계별 메이크업 순서와 기법, 이미지 메이크업, 색채의 이해, 계절 이미지 메이크업, 영상 메이크업 등 실무에 대한 내용을 다루었다. 실기 응용편에서는 방송 영상에 출연하는 연기자와 아이돌 메이크업 실무를 알기 쉽게 설명하였다.

〈K-뷰티 메이크업 프로페셔널〉에서는 전문숍이나 실무 현장에서의 활용을 위한 고객 응대와 메이크업 아티스트 위생, 퍼스널 컬러, 메이크업 디자인 발상 기법, 전개 및 표현 사례를 각 과정별로 알기 쉽게 사례를 제시하였으며, 활용재료와 기법, 컬러 등을 자세히 다루었다. 특히 패션 화보와 패션쇼 메이크업 발상 및 단계별 표현 기법, 컬러, 재료 등의 예시를 다루었다.

각 권의 마지막에는 '메이크업 아티스트'가 반드시 알아야 할 '뷰티 전문 용어'와 '일러스트레이션'(베이직), 뷰티 실용영어회화, 고객 상담 카드 및 패션 화보 & 패션쇼 메이크업 예시(프로페셔널)를 제시함으로써 이해를 돕고자 하였다.

이 책의 출판을 위해 도움을 주신 도서출판 구민사 조규백 대표님과 직원 여러분께 감사의 인사를 드리며, 본서가 K-뷰티 메이크업의 발전에 도움이 되길 진심으로 바란다.

2025년 3월

저자 일동

차례

차례

PART 06

메이크업 디자인 응용

부록

PART 01

메이크업 개념과 트렌드

K BEAUTY

MAKEUP

BASIC

Beauty Make up

01 CHAPTER 메이크업의 이해

1 메이크업의 정의

메이크업은 우리말로 "화장(化粧)"을 의미하며 사전적 의미로는 "제작하다", "보완하다"라는 뜻으로 이는 다양한 화장품과 도구를 사용하여 얼굴 또는 신체의 결점을 수정. 보완하고 장점을 부각시켜 개성 있고 아름답게 꾸미고 매만지는 모든 행위를 말한다.

16세기 영국의 극작가 윌리엄 세익스피어(W.Shakespeare, 1564~1616)의 희곡에 "페인팅(painting)"이란 용어가 처음 등장하였는데 이는 16세기 이탈리아에서 전래된 짙은 화장을 가리키는 것이었다.

17세기 초 영국 시인 리챠드 크래쇼(Richard Crashou)는 그의 시 구절에 '메이크업이란 여성의 매력을 높여 주는 행위'라고 하여 최초로 "메이크업"이란 단어를 사용하였다.

프랑스어인 마뀌아즈(Maquillage)는 원래 분장을 의미하는 연극 용어였으며, 토일렛(Toilet)은 뜨왈렛뜨(Toilette, 화장실)가 1540년경 영국에 전해지면서 "화장을 포함한 몸치장 전반"을 가리키는 용어로 통용되었다.

메이크업이란 용어가 대중화된 것은 20세기 미국의 할리우드 전성기에 여배우들의 화장효과가 중시되면서부터 맥스 팩터(Max Factor, 1875-1938)에 의해 대중화되었다.

우리나라의 경우 화장과 화장품은 개화기 이후 일본에서 유입되어 널리 사용되었던어휘로 가화(假化), 가식(假飾) 등 "거짓꾸밈"의 의미를 내포하고 있으며 화장이란 '화장품을 바르고 매만져 곱게 꾸미는 행위'로 "가꾸는 행위와 정도"에 따라 용어가 달랐다.

화장(化粧) 용어

- 미용(美用): 얼굴치장 행위
- 담장(淡粧): 피부를 희고 깨끗하게 가다듬는 정도의 엷은 화장
- 농장(濃粧): 담장보다 짙은 색조화장
- 성장(盛粧): 화려하고 야한 색조화장
- 염장(艶粧): 짙은 색조화장으로 기생이 했던 요염한 분대화장
- 응장(凝粧): 농장과 유사하나 더욱 또렷하게 꾸민 신부화장의 의례차림
- 야용(冶容): 박색을 미인으로, 노인을 젊어 보이게 하는 등 억지로 아름답게 꾸미는 분장

2 메이크업의 목적

메이크업은 선천적으로 타고난 얼굴에 "화장품"이라는 제품을 이용하여 얼굴에 시각적인 변화를 줌으로써 개성을 창출하고 외모 수준을 향상시켜 주며, 사회적으로 깔끔하고, 세련되며, 호의적이고 긍정적인 인상 형성을 통한 성공적 인간관계에 도움을 주는 것 외에도 심리적 안정과 자신감을 얻기 위한 다양한 목적으로 메이크업이 행해진다.

3 메이크업의 기능

① **피부 보호의 기능**: 먼지, 자외선, 대기오염 등 외부 유해환경으로부터 피부를 보호한다.
② **미적(美的)기능**: 아름다워지고 싶어 하는 인간의 기본적 욕구 충족을 위해 메이크업으로 외모의 결점을 보완하고 장점을 부각시켜 외형적 아름다움을 추구한다.
③ **사회적 기능**: 사회적 관습과 예의의 표현이며 무언의 의사를 전달하고 신분과 직업 등 사회적 위치나 정서를 반영한다.
④ **심리적 기능**: 개인의 성격, 사고방식, 가치추구 방향, 기분, 심리상황 등을 그대로 나타내며 메이크업을 통해 외모에 만족감, 자신감, 안정감을 얻을 수 있다.

4 메이크업의 기원

1) 장식 및 표식기능설

원시인류는 자연으로부터 영향을 받아 다양한 색채의 진흙이나 식물의 재료를 사용하여 꽃, 동물 문양 등을 회화나 조각, 문신 형태로 피부에 새기는 등 장식적인 목적으로 메이크업이 시작되었다고 보며 가장 신빙성 있는 설로 받아들여지고 있다.

- 집단 리더의 위엄과 권위를 나타낸다.
- 신이나 강한 동물처럼 되고자 하는 욕구를 나타내기 위함이다.
- 신체 변형이나 문신, 채색을 함으로써 성인(成人)이 됨을 상징한다.
- 원시사회에서 전사들의 전쟁 후 생긴 상처는 용맹의 상징이다.
- 사회적 지위, 결혼여부, 종족, 신분, 남녀의 구분을 위해 여러 가지 장식으로 표시했다.

채색에 의한 신체 장식

파푸아 뉴기니족 문신

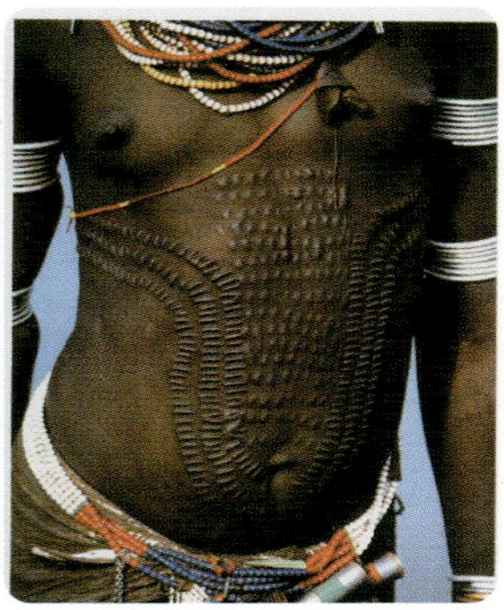

에디오피아의 karo부족 -여성의 나이, 지위를 알려주는 상흔

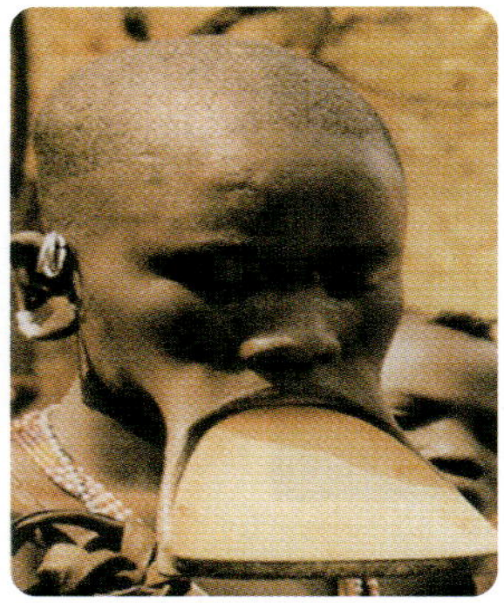

신체 변형에 의한 장식

2) 이성(異性) 유인설

이성에게 매력적으로 보이기 위해서 신체를 장식하거나 가꾸었다고 보는 가설로 인류가 농경사회로 접어들고 정착 생활을 함에 따라 남녀 간의 노동의 분화가 이루어지고 여성의 아름다운 용모가 중시됨에 따라 이성의 관심을 끌기 위해 문신이나 장신구를 사용하여 얼굴이나 몸에 치장을 하였다.

[이집트의 벽화]

3) 신체 보호설

인간이 위험으로부터 자기 자신을 보호하기 위하여 위장, 혹은 은폐를 목적으로 치장을 했던 것이 미화의 수단으로 발전했다는 가설이다.

- 곤충들로부터 피부를 보호하기 위해 향료를 사용하였다.
- 고대 이집트 여인은 강한 바람이나 곤충, 모래, 태양광선으로부터 눈을 보호하기 위해 아이라인을 칠했다.
- 원시인류는 적에게 공포감을 주거나 악마로부터 자신을 보호하기 위한 수단으로 몸에 상흔(scarring)과 문신(tattooing)을 하였다.
- 목동과 사냥꾼들은 강렬한 태양으로부터 피부를 보호하기 위해 야생 케스터(castor) 나무(지중해 지역에서 자라는 아주까리의 일종)에서 짜낸 기름을 온몸에 발랐다.

4) 종교설

주술적, 종교적 행위로 신체를 장식하고, 색상을 부여하거나 향을 이용하여 병이나 재액을 물리치고 복을 비는 행위로부터 메이크업이 시작되었다고 보는 견해다.

- 이집트는 그들이 숭배하는 신의 제단에 가기 위한 청결의식으로 얼굴에 채색을 하고 향료를 뿌리기도 하였다.
- 부족들이 전승을 기원하기 위해 얼굴에 채색을 하거나, 질병이나 마귀를 쫓기 위해 적색을 사용하였다.

[이집트의 벽화]

5) 신분표시설

사회적 지위, 성별, 나이, 종족, 기혼과 미혼을 구분해 주는 표시로서 메이크업이 시작되었다고 보는 가설이다.

- 인도 여인의 미간의 붉은 점은 기혼 여성임을 나타낸다.
- 얼굴이나 신체의 일부를 채색하거나 특이한 헤어스타일, 목걸이, 귀걸이 등의 다양한 액세서리를 사용하여 절대자의 위엄이나 계급, 신분, 종족을 나타낸다.

[마오리 족장(Tamati의 초상, 19C)-사회적 지위 표시]

CHAPTER 02

20세기 메이크업

B.C.3000년경 고대 이집트 시대부터 남아 있는 메이크업(Makeup)의 역사는 현대 문화로 들어서면서 더욱 빠른 속도로 발전하였다. 근대시대 산업혁명으로 인해 비누와 화장품(Cosmetics)이 대량 생산되었고, 20세기 들어 과학과 기술이 급속도로 발전하면서 중산계급이 대두되었다. 상류층과 화류계 여성을 중심으로 유행하던 메이크업은 20세기 현대에 이르러 일반인에게도 대중화되었다.

1 1910년대 메이크업

1) 사회문화적 배경

20세기 초에는 19세기 말부터 이루어진 서양 강대국들의 식민지 정책을 기반으로 나타난 물질적 풍요로 아름다움에 관한 관심이 높아진 시기였다. 1914년 제1차 세계 대전으로 유럽에는 공산주의가 확산하였고, 미국은 제28대 대통령인 '윌슨(Thomas Woodrow Wilson)'이 민주주의 수호와 민족 자결주의를 주장하며 세계의 주역이 되었다.

제1차 세계대전 전후로 과학과 기술이 급속도로 발전하면서 일하는 여성들의 수가 늘어나고, 여권 신장에 따라 여성들도 스포츠 및 사회활동에 참여하기 시작하였다. 자유로운 패션이 시도되면서 여성해방운동도 진행되었던 시기이다. 1900년대 등장한 프랑스 디자이너 '폴 푸와레(Paul Poiret)'의 영향으로 호블 스커트(Hobble Skirt)와 같은 실용적인 옷이 계속 유행하고, 여성은 코르셋(Corset)

으로부터 해방하였다.

화장품 제조산업은 크림, 샴푸, 매니큐어 제품을 중심으로 대량 생산체제로 발전하였으며, 1908년과 1909년에는 엘리자베스 아덴(Elizabeth Arden)과 헬레나 루빈스타인(Helena Rubinstein)이 미용실을 개설하고 브랜드 미용 제품을 출시하기 시작하였다. 또한, 무성영화(無聲映畫, Silent Film) 산업과 잡지, 신문 등의 매체가 발달하면서 일반인들도 메이크업, 패션 등의 유행에 관심을 보이기 시작하였다.

[엘리자베스 아덴의 제품 포스터]

[헬레나 루빈스타인의 파우더]

2) 메이크업

제1차 세계 대전 시기에 화장품 산업들이 전쟁과 관련된 군수산업에 참여하게 되면서 화장품의 대량생산이 합법화되었다. 1910년대에는 투명하고 깨끗한 피부 표현을 선호하여 크림(Cream)과 로션(Lotion) 개발이 적극적으로 이루어졌다.

일반 여성들은 깨끗한 피부에 파우더(Powder)를 바르고 눈썹을 다듬는 정도의 내추럴한 화장을 선호했으며, 일부는 1909년 러시아 발레단 공연의 영향으로 오리엔탈 이미지(Oriental)의 아이섀도(Eyeshadow)와 아이라인(Eyeline)이 유행하기도 하였다.

1910년대 무성영화에 등장하는 영화배우의 의상과 메이크업을 모방하기 시작하였는데, 특히 영화 '뱀프(Vamp)'의 주인공 '테다 바라(Theda Bara)'의 메이크업이 인기였다. 검은 펜슬로 눈썹을 가는 일자형으로 그리고, 강한 음영의 아이섀도와 마스카라(Mascara)로 눈 주변은 검게 칠했으며, 입술은 얇고 또렷하게 그려 관능적(官能的, sensual)인 매력을 표현하였다.

1915년 미국에서 철제 금속 상자에 내장된 립스틱(Lipstick)과 아이브로 펜슬(Eyebrow Pencil)을 제작하여 판매하기 시작하였고, 1916년 산화타이타늄(Titanium Dioxide)의 사용으로 페이스 파우더의 품질이 개선되었다. 또한, 팬케이크(Pancake Makeup) 및 압축파우더, 마사지 크림, 샴푸, 블러셔, 매니큐어 등 다양한 화장품이 생산되었다. 1919년 독일에서는 니베아 크림(Nivea Cream)이 발명되었다.

[영화배우 '테다 바라']

[1910년대 니베아 크림]

2 1930년대 메이크업

1) 사회문화적 배경

1929년 뉴욕 주식시장의 대폭락으로 경제 대공황이 시작되고, 전 세계적으로 실업과 인플레이션이 파급되는 등 1930년대에는 경제불황이 주요 화두였다. 세계 경제공황의 영향으로 여성들이 직장에서 물러나 가정으로 돌아오면서 1930년대에는 성숙하고 세련된 여성미가 중시되었다. 대중들은 할리우드 영화(Hollywood Film)를 통해 우울한 현실에서 벗어나고자 하였으며, 영화에 등장하는 여배우들이 아름다움의 기준이 되었다.

경기침체의 여파로 패션의 중심지였던 프랑스의 의류업체들은 수출이 격감하였고, 패션 스타일에서도 여성미가 중요했다. 1929년 디자이너 '마들렌 비오네(Madelene Vionnet)'는 직물을 대각선으로 직조하는 방법으로 바이어스 재단(bias cut)의 이브닝 드레스(Evening Dress)를 개발하여 여성의 부드러운 실루엣(Silhouette)을 부각하였다. 대부분의 여성복 디자이너들은 여성의 부드러운 곡선을 표현하는 데 주력하였고, 가슴을 강조하고 벨트(Belt)를 사용하여 허리를 잘록하게 표현했다.

1936년 영국의 BBC, 1939년 미국의 NBC가 정규방송을 시작함으로써 영화를 대신하는 새로운 영상시대로 들어서기 시작하였으며, 1939년에는 제2차 세계 대전이 발발하며 새로운 국면에 접어들었다.

2) 메이크업

1930년대에는 성숙하고 세련된 여성미가 유행하였다. '그레타 가르보(Greta Garbo)', '마를렌 디트리히(Marlene Dietrich)', '진 할로우(Jean Harlow)'와 같은 할리우드 여배우들의 메이크업이 유행하였다. 특히 그레타 가르보의 가는 활 모양의 아치형 눈썹, 깊은 아이홀(Eyehole)과 속눈썹, 돌출된 광대뼈로 생기는 음영 메이크업은 관능적이고 신비로운 이미지로 주목을 받았다.

1930년대에도 화장품 산업의 진보는 계속 이루어졌다. 1938년 맥스 팩터(Max Factor)사가 영화 분장용으로 제작한 수용성 팬케이크 파운데이션은 여배우들 사이에 널리 사용되었다. 일반인들도 파운데이션을 사용하여 다소 두껍고 밝은 피부 표현을 하였고, 눈썹을 뽑아 활 모양으로 길고 가늘게 둥근형으로 그렸다. 검정이나 진한 갈색 아이라인(Eyeline)과 아이섀도로 눈을 깊고 선명하게 표현했으며, 볼 화장을 통해 광대뼈를 강조하였고, 입술은 작은 큐피드 활 모양이나 장미 봉우리 형태로 붉고 크게 그리기도 하였다.

[여배우 '그레타 가르보']

[여배우 '진 할로우']

3 1950년대 메이크업

1) 사회문화적 배경

1939년 시작된 제2차 세계 대전이 1945년에 끝나고, 미국과 소련을 중심으로 냉전시대가 열렸다. 문화의 중심은 유럽에서 미국은 옮겨갔으며, 전 세계적으로 경제가 활성화되고 매체를 통해 대중문화가 태동하기 시작하였다.

미국에서는 가정용 전자제품과 자동차 산업이 호황을 이루었고, 특히 컬러 TV의 보급으로 대중문화가 발달하였다. 전쟁이 끝나고 일자리로 돌아온 남성들로 인해 순종적이고 모성적인 여성상이 선호되었으며, 성숙하고 우아한 여성미가 인기를 끌었다.

1950년대 패션산업은 프랑스 파리 오트쿠튀르(Haute couture)에서 볼 수 있던 실루엣 지향의 디자인과 미국의 영 패션인 로큰롤의 두 가지 스타일로 나뉘게 된다.

오트쿠튀르 스타일은 '크리스찬 디오르(Christian Dior)', '샤넬(Chanel)', '발렌시아가(Balenciaga)' 등 파리 오트쿠튀르 컬렉션 디자이너 브랜드들을 중심으로 한 실루엣 지향의 패션 셰이프(Shape)를 디자인 포인트로 하는 조형적인 패션 경향이었다. 미국의 영 패션인 '로큰롤 룩(Rock 'n' Roll Look)'은 가수 '엘비스 프레슬리(Elvis Presley)'의 영향을 받은 10대들의 패션으로 화려한 프린트의 스포츠 셔츠(Sports Shirts), 삭스(Socks), 스트랩 펌프스(Strap Pumps), 포니테일 헤어스타일(Ponytail Hairstyle) 등이 유행하였으며, 1950년대 후반에는 배우 '제임스 딘(James Byron Dean)'의 청바지(Jeans)가 인기를 끌었다.

[샤넬 수트(Chanel Suit)]

[가수 '엘비스 프레슬리']

1950년대 후반에는 10대들이 새로운 소비층으로 부상하면서 대중음악과 함께 팝문화(Pop Culture)가 큰 영향력을 갖게 되었고, 경제적인 풍요 속에 기능주의적인 모더니즘(Modernism)과 반대급부의 탈모더니즘 그룹인 비트족(Beats)이 동시에 등장하였다.

2) 메이크업

컬러 TV의 등장으로 메이크업에서 색이 중요하게 여겨지게 되었다. 이 시기 화장품은 여성들의 필수품이 되었으며, 화장품의 종류 또한 다양하게 출시되었다.

1950년대에도 여전히 영화배우들의 메이크업 스타일이 유행을 주도하였다. 영화 '로마의 휴일'의 여주인공 '오드리 헵번(Audrey Hepburn)'의 하얀 피부에 두껍고 둥근 눈썹, 눈꼬리까지 이어진 두꺼운 아이라인, 핑크 볼 터치, 붉은 입술의 사랑스러운 이미지가 일반 대중들에게 인기를 끌었다.

[오드리 헵번]

[마릴린 먼로]

또한, 관능적인 이미지의 '마릴린 먼로(Marilyn Monroe)'의 메이크업 기법도 유행하였다. 풍만한 몸매와 금발에 어울리는 밝은 피부톤과 눈썹산이 강조된 눈썹, 끝을 굵게 그린 아이라인과 풍성한 인조 속눈썹, 아웃커브(Outcurve) 형태의 빨간 입술뿐 아니라 입가의 애교점을 따라 하기도 하였다.

4 1960년대 메이크업

1) 사회문화적 배경

제2차 세계대전 이후 태어난 베이비 붐 세대가 청년으로 성장한 시기로 젊은이들의 문화가 절정에 이르렀다. 경제적 호황과 더불어 10대와 20대가 유행과 소비의 주축이 되었으며, 캐주얼 웨어(Casual Wear), 스포츠 웨어(Sports Wear) 등 젊은 취향에 맞는 '영 패션(Young Fashion)'이 유행하였다.

영국의 '메리 퀀트(Mary Quant)'가 디자인한 미니 스커트(Mini Skirt)를 중심으로 '유니섹스 룩(Unisex Look)'도 인기를 끌었으며, 팝아트(Pop Art)와 옵아트(Op Art) 등 현대적 감각의 추상적이고 기하학적인 패턴(幾何學, Geometry), 강렬한 색상을 이용한 패션 경향도 나타났다.

미국의 베트남전 참전을 반대하는 청년세대의 반전운동(反戰運動, Anti-war movement)으로 '히피 문화(Hippie)'가 나타났다. 작업복으로 주로 입혀지던 '블루진(Blue Jeans)'은 1960년대 히피들에 의해 영 패션화가 시작되었다.

또한, 흑인 인권운동과 대중매체의 발달, 자본주의의 최고조기로 다양성과 개성을 강조하게 되었다. 인류 최초로 아폴로 11호가 달 착륙에 성공하여 과학과 기술이 비약적으로 발전하며 플라스틱, 투명 소재, 실버 소재 등 다양한 소재와 우주복에서 영감을 받은 '스페이스 룩(Space Look)'이 표현되기도 하였다.

[1960년대 히피]

[1969년 아폴로 11호 발사]

2) 메이크업

이 시기 메이크업은 다양성과 개성을 중시하여 모방하는 형태에서 벗어나게 되었다. 1960년대 대표적인 메이크업 스타일인 여배우 '브리지트 바르도(Brigitte Anne Marie Bardot)'는 진한 아이라인과 속눈썹, 마스카라로 눈은 강조하고, 입술은 흐린 색으로 아웃커브 형태로 입술선을 정확하게 그려 관능적인 느낌을 표현하였다.

패션과 미용 산업이 확대되면서 영화, TV뿐 아니라 잡지에 등장하는 모델의 가치가 증가하였다. 모델 '트위기(Twiggy)'는 마른 몸매와 미니스커트를 입은 귀여운 모습으로 인기를 끌었다. 주근깨를 강조한 옅은 피부화장과 진한 아이라인, 인위적인 아이홀과 속눈썹 표현으로 눈을 커다랗게 강조하고, 입술은 연하고 창백한 핑크 립컬러로 표현하여 메이크업계에 큰 반향을 일으켰다.

전위적인 히피족들에 의해 남녀 모두 머리를 길게 기르고, 판타롱(Pantalon)과 부츠(Boots), 쇠사슬과 종을 달고 꽃으로 장식한 '히피 룩(Hippie Look)'도 동시에 유행하였다. 이국 취향적인 '히피 메이크업(Hippie Makeup)'을 즐겼으며, 일부 히피족들 사이에서는 몸에 직접 그림을 그리는 '바디페인팅(Body Painting)'이나 장식적이고 사이키델릭(psychedelic)한 '판타지 메이크업(Fantasy Makeup)'이 유행하기도 하였다.

[여배우 '브리지트 바르도']

[모델 '트위기']

5 1970년대 메이크업

1) 사회문화적 배경

1973년 중동으로부터 시작된 석유파동과 재정 적자 등으로 불황이 다시 온 시기로 높은 실업률과 인플레이션 때문에 60년대 소비의 시대가 막을 내리게 되었다. 1970년대 소비자들은 불경기로 인해 합리적 소비 생활을 추구하였다. 패션에서도 실용성을 추구하게 되어 다양한 효과를 낼 수 있는 '레이어드 룩(Layered Look)', '루스 룩(Loose Look)'이 유행하였다.

1960년대 베트남전의 반전운동에서 시작된 기존의 체제에 대한 불신과 저항문화는 더욱 발전하여 '펑크(Punk)' 운동을 일으켰다. 펑크 문화는 반항적이고 공격적이었으며, 과격함과 저속함이 공유되기도 하였다. '펑크 룩(Punk Look)'은 인조가죽으로 만든 재킷, 투명한 플라스틱 소재, 망사로 된 셔츠뿐 아니라 안전핀, 면도칼, 개의 목 끈 등을 장식으로 활용하거나 진한 색조 메이크업으로 사람들에게 불쾌감을 주기도 하였다.

여성운동의 확산으로 여성들도 남성들의 전유물이던 전문직에 도전하면서 사회적 지위가 향상되었고, 현대 여성의 이미지가 주목받았다. 디스코 댄스(Disco Dance)의 붐과 함께 음악과 춤, 패션이 유행하였다. 펑크와 디스코의 영향으로 편안한 의복, 디스코 팬츠가 보편화하였으며, 짧은 길이의 '핫 팬츠(Hot Pants)'가 유행하기도 하였다.

[1970년대 영패션(Young Fashion)]

[영화 '토요일 밤의 열기']

2) 메이크업

1970년대에는 자연스럽고 건강하며 스포티하게 보이는 것을 선호하여 휴가를 다녀온 듯 태닝(Tanning)을 하기도 하였다. 미국의 여배우 '파라 포셋(Farrah Fawcett)'과 같이 건강한 피부색과 질감을 표현하고, 베이지 브라운의 컬러 아이섀도로 아이홀, 자연스러운 눈썹을 표현하였다.

피부 건강과 노화 예방에 관한 관심이 늘어나 투명한 피부 표현을 위하여 리퀴드 파운데이션을 사용하였고, 핑크, 라벤더, 스카이블루 등의 '파스텔 색조(Pastel Color)'의 다양한 아이섀도 색상이 사용되기도 하였다. 립스틱 위에 투명 립글로스(Lip gloss)를 발라 반짝이는 입술을 표현하는 것이 유행하였다.

디스코의 영향으로 클럽 조명 아래 화려함을 돋보이도록 저녁에는 펄 아이섀도(Pearl Eyeshadow)나 글리터(Glitter)를 이용한 과감한 메이크업을 하였다. 펑크족들은 눈 주위에 검정색이나 빨강, 주황의 아이섀도를 칠하고, 과감한 아이라인, 검붉은색 입술, 사선 방향의 강한 볼 화장을 하는 등 개성 있는 메이크업 경향을 보여주었다.

[파라 포셋]

[펑크 룩(Punk Look)]

6 1980년대 메이크업

1) 사회문화적 배경

1980년대에는 전 세계적으로 급격한 경제 성장으로 인한 경제적 안정, 자본주의 확대, 사회복지 발달 및 다원화가 이루어졌다. 동서 냉전체제의 균열이 시작되고, 컴퓨터 보급으로 인해 정보화 사회에 들어섰다.

풍요로운 분위기 속에 베이비 붐 세대에 의해 경제력과 건강을 중요시하는 '여피족(Yuppies: Young Urban Professional)'이 등장했는데, 대도시에 거주하면서 전문직에 종사하는 젊은 엘리트들이 주를 이루었다. 직업적 성공과 함께 여가를 즐기고, 패션, 미용, 헬스 등 자신을 위해 아낌없는 투자를 하는 사람들이었다. 이러한 문화가 확장되며 점차 무절제한 과소비가 나타나고, 빈부 격차가 심화하였던 시기였다.

여성들의 사회 진출이 적극적으로 일어나면서 사회적 지위가 향상되었다. 건강과 미용에 관심이 높아지면서 에어로빅(Aerobics), 헬스(Health), 조깅(Jogging)이 성행하였고, 이와 함께 패션과 미용 산업도 전반적으로 성장하였다. 어깨에 패드를 넣어서 넓어 보이게 하는 '파워슈트(Power Suit)'가 인기를 끌었으며, 피부 건강이 중시되고 피부 관리용 화장품들이 다양하게 출시되었다.

환경의 중요성을 인식하게 됨에 따라 자연보호와 환경오염에 대한 인식의 증대로 '에콜로지(Ecology)' 문화가 나타났다. 고급 예술과 대중 예술의 경계가 모호해지며 다양한 장르가 혼합되는 현상이 일어나기도 하였다.

[1980년대 'Revlon' 광고]

[1980년대 'Vichy' 광고]

2) 메이크업

여성의 적극적인 사회 진출로 남성들과 경쟁하기 위한 강한 여성 이미지가 추구되면서 여배우 '브룩실즈(Brooke Christa Camille Shields)'와 같이 눈썹을 두껍게 그리고 입술을 진하게 바르는 메이크업 기법이 유행하였다. 미국의 음악 전문 케이블TV 채널인 'MTV'의 등장으로 가수 '마돈나(Madonna Louise Veronica Ciccone)'와 같이 반짝이는 펄 감의 화려한 색상을 사용하는 메이크업도 인기가 있었다.

1980년대 중반 이후에는 복고(復古)풍의 유행으로 성숙한 여성의 이미지가 선호되면서 진한 색상의 관능적인 이미지가 유행하였으며, 1980년대 후반에는 프랑스 영화 '라 붐(La Boum)'에 등장하는 '소피 마르소(Sophie Marceau)'와 영국의 '다이애나 왕세자비(Diana Frances Spencer)'와 같이 깨끗하고 자연스러운 피부를 강조하는 '내추럴 메이크업(Natural Makeup)'이 인기가 있었다.

[1980년대 Vogue지에 등장한 브룩실즈]

[가수 마돈나]

03 CHAPTER 21세기 메이크업

1 2000년대

1) 사회·문화적 배경

1990년대에서 2000년대로 넘어오면서 새로운 천년에 대한 기대와 희망이 높음에 따라 여러 가지 변화가 급격히 일어났다. 2000년 7월 미국의 항공우주국 (NASA, National Aeronautics and Space Administration)은 '지구 온난화'로 그린란드(Greenland)의 빙하가 녹아내려 지난 100년 동안 해수면이 약 23cm 상승했음을 발표하였다. 전 세계적으로 '지구 온난화(Global Warming)' 위기감이 조성되었고 바다의 기온이 평균기온보다 높아지는 '엘니뇨(El Nino) 현상'으로 지구 환경에 대한 관심과 우려 등이 부각되었다. 또한 2001년 미국 뉴욕에서 발생한 9.11 테러와 아프카니스탄 테러, 이라크 전쟁 등 미국과 중 동 국가에 대한 전 세계적 갈등과 긴장감이 드러났다.

[지구 온난화]

21세기 사회문화의 가장 큰 특징은 '정보화'와 '세계화'가 가속화되기 시작한 것이다. 2000년대 초반에는 아날로그(analog) 시장과 디지털(digital) 시장이 공존기를 이루며 균등한 점유율을 지녔으며, 이 시기의 문화와 감성들은 여러 창작 소재로 이용되고 있다. 인터넷과 통신의 발달이 급격히 이루어지면서 2000년대 중반부터는 디지털 매체의 발달이 아날로그 매체를 앞서게 되었고, 영상 저장 매체인 필름 카메라(film camera)와 아날로그 캠코더(camcorder) 등이 대부분 디지털 카메라와 디지털 캠코더로 대체되었다.

[디지털 카메라]

휴대폰에 안테나가 내장되고, 디지털 카메라 화소급의 '카메라 폰(Camera Phone)'이 등장하였으며 흑백 폰이 컬러 폰으로 대체 되고, 통신기술도 3G(generation)가 상용화되면서 큰 발전을 이루었다. 특히 인터넷의 발달은 외국과 내국의 정보격차를 줄여주어 해외 트렌드가 국내에 빠른 영향을 끼치고, 더욱 다양한 스타일을 추구할 수 있게 했다. 인터넷을 통한 편리한 구매가 보편화되었으며, 해외 상품도 직접 구매가 가능해지게 되었다.

인터넷과 더불어 대중매체가 급격히 발달됨에 따라서 대중들은 영화나 음악 등 대중문화를 더욱 쉽고 다양하게 접할 수 있게 되었고, '연예인 워너비 신드롬(wannabe syndrome)'이 미디어를 지배하며 대중의 스타일 아이콘과 열망의 대상이 되는 '셀러브리티(celebrity)' 문화가 떠오르게 되었다.

인터넷을 통한 편리한 구매가 보편화되었으며, 해외 상품도 직접 구매가 가능해지게 되었다.

한편으로는 세계적으로 환경 재해, 신종 질병 등의 위협과 저출산 위기 등 복잡한 문제들로부터 벗어나 행복하고 평안한 몸과 마음을 유기적으로 결합해 인생을 풍요롭고 아름답게 영위하고자 하는 '웰빙(wellbeing)'에 대한 관심과 열망을 불러일으켰다. 과거의 양적· 물적 소비를 했던 시대에서 질적 소비를 지향하는 분위기로 변화하였고, '웰빙'은 전 세계적 현상으로 삶과 문화 전체에 새로운 라이프스타일로 자리 잡게 되었다. 특히 자연주의적이고 클래식함을 추구하는 사회 성향과 연결되어 2000년대 초반에는 사회 전체적으로 '웰빙 현상'이 두드러졌으며, 음식, 화장품, 피지컬 피트니스, 가구, 건축 자재 등 광범 위하게 영향을 미쳤다.

[웰빙 현상]

[피지컬 피트니]

1990년대 중반부터 2000년대 중반까지 중국, 일본 등 아시아 권역을 중심으로 한국의 TV 드라마와 대중음악이 인기를 얻으면서 한국문화 열풍을 이르는 '한류'(韓流: Korean Wave)'라는 단어가 등장하였다. 2003년 일본에서 방영한 TV 드라마 '겨울연가'는 크게 흥행했으며, 드라마 촬영지인 춘천의 남이섬은 일본 관광객들의 필수 여행지로 유명해졌다. 2000년대 중반부터는 빅뱅, 소녀시대, 카라 등 '아이돌 스타(idol star)'라고 불리는 한국의 보이 그룹과 걸그룹을 중심으로 한류가 확산되었으며 이 시기의 한류는 아시아에서 더 나아가 중남미, 중동 등 더 넓은 세계무대로 뻗어나갔다.

2002년 5월 31일 FIFA 월드컵이 한국과 일본의 공동 개최로 개막되었다. 아시아 최초의 월드컵이고 한국 최초로 HD로 생중계된 월드컵이였으며, 한국은 최초로 4강에 진출하여 파란을 일으켰다. 대한민국 축구 국가대표팀의 공식 서포터즈 클럽 '붉은 악마'의 열정적인 응원 모습은 세계적인 관심을 받았으며, 붉은 티셔츠 패션스타일은 크게 유행하였다.

2008년 11월 대통령 선거에서 오바마(Barack Hussein Obama)는 미국 최초의 흑인 대통령으로 당선되어 2009년에 미국 대통령으로 취임하였다. 오바마 대통령은 대화와 협상을 통해 러시아, 유럽과 관계를 재정립하고 중동과 평화의 외교시대를 열었으며 이 공로로 노벨평화상을 수상하였다.

2009년 4월 멕시코에서 처음 발생한 '신종플루(Swine Influenza)'라는 전염병이 발생하여 많은 사망자가 발생하고 빠른 속도로 확산되어 전 세계를 공포에 떨게 했다. '세계보건기구(WHO)'는 신종플루에 대한 경보 단계를 최고 수준인 '대유행'으로 격상했으며, 각국은 치료제와 백신 비축에 나서는 등 신종플루 확산을 막기 위해 안간힘을 쓰며 극복하였다.

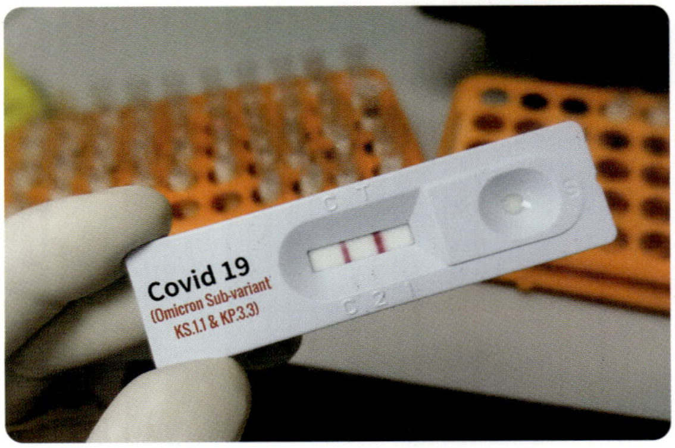

[코로나-19 키트]

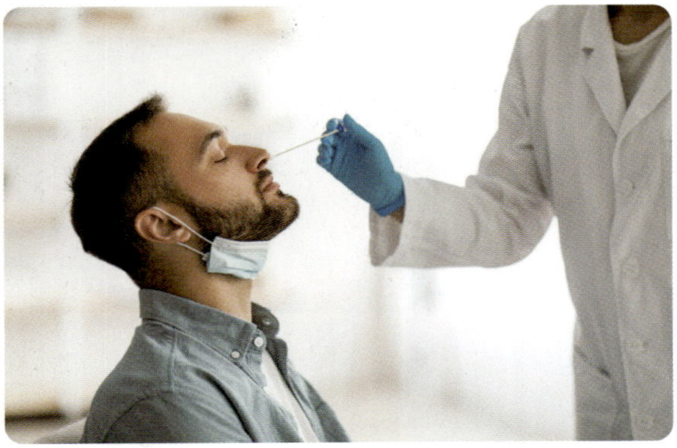

[코로나-19 검사]

21세기의 시작인 2000년대의 현대인들은 물질적 풍요와 급격한 산업 발달로 더욱 개성을 중시하고 사회문화적으로 다원화되었으며, 인터넷과 디지털의 발달로 글로벌적인 감각과 소통의 시대에 적응하면서 다양한 트렌드를 공유하며 발전시켜 나갔다.

2) 메이크업

2000년대에는 획일적이고 동일한 색감과 패턴이 유행하지 않고 개인의 개성과 취향, 라이프스타일과 연령 등에 따른 각 개인의 개성을 중요시하는 화장법이 다양하게 나타났다.

건강을 중시하고 개인의 여유로운 심리적 안정을 중시하는 '웰빙 트렌드'의 영향을 받아 메이크업은 색감 표현보다는 '피부 질감(Skin Texture)'을 강조하기 시작했으며, 지구 온난화로 인한 환경오염이 심각해짐에 따라 '기초 피부 화장'에 대한 중요성을 재인식하게 되었다.

다양한 자연 성분의 '친환경 화장품'을 표방하는 화장품 브랜드가 인기가 있었다. 1990년대 말부터 유행했던 자연스러운 화장법이 2000년대 초반에는 투명하고 동양미가 느껴지는 청순가련한 스타일이 유행되었다.

[친환경 화장품]

2000년대 중반에 들어서면서 특히 피부 톤을 밝게 하면서 피부 질감을 강조하는 화장법이 유행하였는데, 특히 물을 머금은 듯한 '물광 메이크업', 도자기 표면처럼 잡티나 두드러기가 전혀 없이 매끄러운 '도자기 메이크업', 밝은 빛이 뿜어져 나오는 '빛광 메이크업', 갓 스파(spa)에서 나온 듯한 촉촉한 수분을 머금은 듯한 '스파 메이크업' 등 피부결과 질감을 강조하는 화장법과 관련된 신조어들이 생겨났다.

'물광 메이크업'이 유행하면서 하나의 제품으로 여러 가지 뷰티 제품의 효과를 볼 수 있는 '멀티 밤(multi balm)'이 출시되었고, 무결점 피부를 지향하는 경향이 강해지면서 쉬머(shimmer) 제품은 필수 아이템이 되었다.

2006년 일명 '연예인 화장품'으로 화제를 낳은 'BB(blemish balm)' 크림이 인기를 끌면서 마케팅 대상이 20대 여성부터 학생들, 남성에게까지 이르게 됐다. BB크림을 바르는 남성도 많아지면서 필수품이 되었다. 2000년대 중반을 넘어서며 메이크업 베이스에 자외선차단 기능이 추가됐고 이후 컬러 베이스, 펄 베이스가 차례로 나왔으며, 기능성 화장품에 대한 연구가 가속화되었고 화장품에 피부미백, 자외선차단, 주름개선 기능 등이 추가되었다.

눈매를 강조한 '스모키 아이(Smoky Eye) 메이크업'은 섹시한 이미지를 부각시키고 개성을 강조해 2000년대 이후 꾸준히 패션쇼와 일반 여성들한테 사랑받고 있으며, 이와 더불어 속눈썹의 풍성함을 돋보이게 할 수 있는 마스카라, 인조 속눈썹 등이 유행하였다. 2000년대 중·후반 에는 스모키 눈(Smoky Eye) 메이크업에 입술에는 투명 립글로스를 바르는 것이 유행하여 여성들 사이에서 립스틱보다 더 인기가 있었다.

또한 2000년대에는 황홀한 색상의 금속 광택이 있는 브론즈 메탈(Metal) 조각을 포함하는 메이크업으로 미래지향적인 우주 시대 스타일도 유행하였다. 2005~2006년에는 '고양이 눈(Cat's Eye)' 형태와 밝은 붉은 입술 표현으로 1940년대 복고풍 메이크업이 부활했다.

2000년대 중후반의 메이크업 유행 경향을 요약해보면 다음과 같다.

색상, 질감, 패턴과 형태 등 메이크업 디자인이 획일화되고 정형화된 유행보다는 개인의 나이와 인종, 성별, 신체적 특성, 개인적 취향과 선호도, T·P·O에 맞는 '맞춤형 메이크업'이 등장하하였다.

자연으로의 회귀, 친자연적인 90년대 말 이후의 '에콜로지(ecology)'풍의 내추럴 메이크 업이 대중들에게 꾸준히 사랑받아 오면서 식물성 화장품과 기능성 화장품이 인기를 끌었다.

자연스러운 피부 질감과 윤기, 수분을 머금은 듯한 피부결을 위한 기초 화장품과 스킨톤을 보정해주는 다양한 색조 베이스 화장품이 개발·출시되었다.

특히 피부의 다양한 질감(texture)을 표현하는 물광(光), 윤광. 펄광, 도자기 광 등의 신조어의 부각과 함께 피부 질감 표현법이 주요한 화두로 부각되었다.

2000년대 후반부터는 밝은 피부톤에 빛나는 질감의 '펄(pearl)' 아이섀도와 립 글로스, 미세한 펄 질감의 아이라인 펜슬, 크림 타입의 치크 블러셔, 젤 아이라이너, 립 글로스가 새롭게 각광받았다.

피부 질감을 강조하는 화장법이 유행됨에 따라 잡티를 커버하는 '컨실러(Consealer)'와 피부결을 보완하는 '프라이머(Primer)' 등이 대중화되었다. 한편으로는 미국 의 팝가수인 레이디 가가(Lady Gaga)의 메이크업 스타일의 영향으로 인조 속눈썹이 큰 붐 을 일으켰으며 속눈썹 연장도 유행시켰다.

2000년대 후반에는 천연 및 유기농 화장품이 급부상하였다. 화장품 안전성에 대한 소비자의 인식 변화로 화학물질보다는 천연·유기농 성분의 화장품을 추구하게 된 것이다. 건강한 아름다움을 추구하는 소비자들의 요구를 반영한 먹는 화장품, '뉴트리 코스메틱스(Nutricosmetics)'가 등장했으며, 의약품에 사용되던 원료를 화장품에 도입하는 '코스메슈티컬(Cosmeceutical)'로 의약품의 효과를 화장품으로 얻고자 하는 소비자들도 늘어나기 시작했다.

2000년대 들어 남성의 외모가 경쟁력이 되면서 남성들도 아름다움을 추구하게 되었다. 이러한 인식은 패션과 외모에 관심이 많은 남자를 일컫는 '그루밍 족(grooming people)'이라는 신조어까지 탄생시켰고 남성은 화장품 산업의 소비자층으로 자리 잡기 시작하였다. 2000년대 후반이 되면서 평소에도 BB크림, 아이라이너를 그리거나 메이크업을 즐기는 남성들도 생겨났다.

[그루밍족]

(1) 물광 메이크업

2000년대 후반에는 자연스러운 내추럴리즘 메이크업과 더불어 '소프트 스모키 아이(soft smoky eye) 메이크업'도 함께 유행되어 사랑받았다.

피부 베이스(base)는 피부의 결점를 보완하면서 자신의 피부톤을 최대한 살리는 자연스러운 피부화장이 중요시되었다. 눈썹은 선보다는 면을 채우는 자연스러움을 추구하고, '일자(一子)' 눈썹이 유행하였으며 스모키 아이 메이크업도 유행하였다.

립 메이크업은 본래의 입술 라인을 살리고 다양한 색을 사용해 크리미하고 글로시하게 표현하였다.

건강한 삶과 라이프스타일 추구, 웰빙 추구에 대한 관심과 붐으로 피부의 결점은 컨실러로 잘 보완 수정하면서 자신의 본래 피부 톤을 최대한 살리는 베이스 피부 화장법이 포인트 색조 화장법보다 더욱 중요시되었다.

도자기 결처럼 매끄럽고 흠집 없는 완벽한 무결점 피부 질감과 촉감을 연상시키는 피부결, 촉촉한 수분을 머금고 있는 듯한 광택감, 자연스러운 크리미한 질감, 빛의 반사와 흐름을 이용한 윤이 나는 입체적인 얼굴윤곽 표현법 등 다양한 피부질감 표현을 효과적으로 할 수 있는 베이스 크림과 베이스 색조 파운데이션과 팩트 등이 유행하였다.

(2) 스모키 아이(smoky eye) 메이크업

눈썹은 선이나 윤곽을 강조하는 선적인 표현보다는 빈 곳을 자연스레 메꾸는 듯한 면적인 약간 두껍고 풍성한 형태, 아이섀도는 질감과 그러데이션이 자연스레 표현되는 크림 타입의 아이섀도나 크레용 타입의 아이섀도, 펄이 함유된 윤기와 빛이 느껴지는 화장법이 유행하였다.

입술은 과하지 않으면서도 본래 라인을 자연스레 살리고 수분감과 광택감, 유분감이 느껴지는 질감 화장법이 유행하였다.

2 2010년대

1) 사회·문화적 배경

정보통신 기술이 발전하고 스마트폰이 확산되었으며 무선 네트워크와 클라우드 컴퓨터의 발달 덕에 '사물 인터넷 산업'이 괄목할 만한 성장세를 보였다.

기온 상승으로 인한 '지구 온난화' 현상이 전 세계적인 관심사로 눈길을 끌었으며, 사회적으로는 노령층 증가와 은퇴로 인한 연금 압박, 출산율 감소로 인한 인구 감소와 '노령화 사회(老齡化 社會)' 현상이 전 세계적으로 심각한 문제로 부각되었다.

글로벌화의 영향으로 동양의 문화가 서양으로 진출하는 '역전(易傳)현상'이 나타났는데, 특히 한국의 'K-pop(Korean pop music, 2000년대 전후로 유행하는 한국의 대중가요를 부르는 말. 주로 아이돌 그룹의 댄스곡을 가리킨다(국어사전))'이 해외로 진출하게 되었다.

[고령화 사회]

지난 10년 동안 멜로디, 마음을 사로잡는 안무, 공감할 수 있는 가사, 개성과 매력을 전 세계 관객을 사로잡으며, 세계적으로 영향력을 주고 있다. 특히 방탄소년단(BTS)은 2013년 '빅히트 엔터테인먼트(현 HYBE)' 소속으로 데뷔하였으며, 아시아 시장을 넘어 전 세계에 진출하였다.

2010년대는 2007년 첫 출시된 '스마트 폰의 대중화'와 함께 시대적 문화 자체가 스마트, 모바일 문화로 자리잡게 되었다. 스마트 폰은 세분화되어 있던 디지털 시장 전체를 작은 휴대기기 안에 모두 통합시킨 시스템이었고, 이러한 시스템을 구축한 '스마트폰'이 대중화되어 유행을 타며 시장의 구도는 스마트 폰으로 넘어가게 된다.

[스마트폰]

IT 시장도 Windows XP와 싸이월드 등 PC를 기반으로 한 서비스가 전성기를 누렸던 시기였다. 2010년까지 대중적인 인기를 끌었던 '싸이월드'와 '네이트온'은 스마트폰의 대중화에 대비하지 못해 급격히 몰락, 스마트 폰의 대중화 이후인 2012년 이후에는 이용자들이 대부분 빠져나가 결국 사라지게 되었다.

2011년부터 본격적인 스마트폰의 대중화가 시작되었고 시장 역시 이에 맞춰 완전히 급변했다. 2010년부터 인기를 끌던 '트위터'와 '페이스북', '카카오톡', '카카오 스토리' 등 모바일 기반 SNS가 싸이월드, 네이트온, 버디버디를 대체하였고, 2010년까지 어느 정도 버티던 기존 디지털 시장도 2011~2012년을 기점으로 완전히 문을 닫게 되었다.

[SNS]

아날로그 매체와 기존 디지털 시장의 혼용기(混用期)가 끝나고, 스마트폰이 파생시킨 문화가 큰 규모의 유행을 타는 스마트 폰 시대가 열리게 되었다.

2012년부터 2014년까지는 스마트폰의 초창기 시절로 이 시기의 문화와 감성이 시간이 어느 정도 흐른 2020년대부터는 이전 아날로그 시대와 마찬가지로 대중들에게 추억거리로 여겨지고 있다. 애니팡 등 1세대 스마트폰 게임들과 카카오스토리, 페이스북, 트위터 등은 2015년부터 인스타그램과 틱톡 등에 밀려 대중적인 파급력을 잃어버린 1세대 모바일 SNS 등이다.

이러한 서비스는 2014년경까지 인기를 끈 뒤 2015년부터는 인스타그램과 2020년부터는 틱톡 등으로 대체되었고 스마트폰 게임 역시 기존 PC 콘솔 게임의 퀄리티로 출시되면서 스마트폰 초창기의 모바일 게임은 쇠퇴하였다.

2010년에서 2019년에 태어난 세대는 세대 전원이 21세기에 출생하였다.

2010년대는 스마트폰의 대중화로 기존의 디지털 시장과 아날로그 매체의 몰락으로 이전 시대와는 확연히 다른 차별성을 띄게 되었으며 이 시대에 태어나거나 이 시대 문화의 영향을 유년기 때부터 받은 세대는 스마트폰이 파생시킨 스마트, 모바일 문화에 더 익숙한 세대이며 이들을 '알파 세대'로 부른다.

또한 이들 세대부터는 이전의 아날로그 매체와는 완전히 경험적으로 단절되었으며, 기존 디지털 시장에 대한 경험도 존재하지 않는다.

2010년대에 태어난 세대는 이전 세대인 2000년대생과 마찬가지로 디지털 시장에 익숙한 '디지털 네이티브(digital native)' 세대로, 이전 시대의 아날로그 매체나 스마트폰 이전 디지털 시장과는 경험적으로 완전히 단절되어 있는 세대이다.

특히 2010년대 초반생 이후로는 스마트폰의 대중화가 완료된 이후 출생한 2012년생 ~2019년생으로서 출생 직후부터 스마트폰 매체들과 가까이 하는 시간이 높아 영유아의 스마트 폰 중독이 사회문제가 되기도 했다. 이러한 특성 때문에 2010년대생은 Z세대와 구별되는 '알파(Alpha) 세대'라는 새로운 세대로 구분되기도 한다.

[알파세대]

[디지털 네이티브 시대]

2) 메이크업

2010년대 메이크업의 대표적인 특징으로는 '뉴트로(newtro)' 콘셉트이다. 현대적인 유행을 따르면서도 과거 유행된 화장 유행을 다시 불러들여 현대적으로 재해석하거나 리믹스한 새로운 화장법이 대중들에게 사랑받았다.

2010년대의 메이크업 트렌드는 전반적으로 앞서 기술한 2000년대 풍의 유행 경향을 이어나갔는데, 키워드로는 '동안(童顔)'이었으며 한 듯, 안 한 듯한 자연스러워 보여 마치 잘 관리받은 본인의 원래 피부인 듯 정교한 기법을 요구하였다.

[동안]

'동안(童顔)'이란 해부학적으로 나이가 들면서 생기는 여러 변화를 겪지 않은 것처럼 동그랗고 넓은 이마, 작은 코, 작은 입, 작은 턱, 자연스러운 눈썹, 맑고 동그란 눈, 통통한 볼의 전형적인 유아적 면상(面像)의 특징을 가지고 있는 얼굴을 말한다.

상안(上顔) : 중안(中顔) : 하안(下顔)의 비율이 1 : 1 : 08로 하안이 짧으며, 얼굴의 가로, 세로 비율은 한국인 평균 얼굴 비율인 1 : 1.3보다 더 둥글다.

2000년대부터 초고속 인터넷 보급를 1위를 고수하고 있는 한국의 고도화된 인터넷 환경은 디지털 카메라 문화, 디지털 사진 등의 공유를 손쉽게 해주었고, 사이버 공간과 결합시킴으로써 사진을 이용하여 쉽고도 효율적으로 '자기표현'을 할 수 있도록 지원하는 개인 홈페이지나 블로그와 같은 개인 미디어들이 등장하였다.

여기에 대중매체가 합세함으로써 '동안'은 급격한 붐을 일으켰고, 저출산. 고령화 형태로 사회구조가 변함에 따라 '새로운 것'과 '젊음'이 추앙받는 사회는 '동안'을 살아남기 위한 생존전략으로 만들면서 2005년도 이후부터 2010년대 전반에 이르기까지 국내에서 뜨거운 파급효과와 미의식에 대한 인식 전환과 더불어 열풍으로 번지게 되었다.

개인화 커뮤니티 지향의 새로운 인터넷 트렌드에 사용자들은 개방적 자기표현을 하게 되고 '직찍', '얼짱', '셀카', '생얼' 등의 유행어를 만들어내며 동안 요소의 놀이문화를 생성하게 되었다. 특히 개인 중심으로 신변잡기 정보들이 주로 관리되는 미니홈피의 경우 사진과 짧은 글을 통해 남에게 나를 알리는 자기 PR의 수단이 되며, '얼짱' 문화와 함께 스타마케팅의 도구로 활약하며 '쌩얼'이라는 신조어를 만들어내기도 하였다.

'얼짱'은 "얼굴이 짱(가장) 예쁘다", "얼굴이 잘생긴 사람"이라는 뜻으로 청소년들 사이에서 은어로 사용되어 오다가, 2003년 네티즌들이 인터넷상에서 떠돌던 사진의 일부 주인공 들을 얼짱으로 칭하기 시작하면서 대중화된 용어이다(김장희, 2005).

또한 '얼짱 각도'는 사진이 잘 나오는 각도로 얼굴을 살짝 아래로 기울여 턱이 짧아 보이는 얼굴형이 특징이다.

2010년대 메이크업은 로맨틱 미니널리즘, 레트로(Retro) 메이크업, 뉴트로(Newtro), 동안(童顔) 메이크업 등이 유행하였다.

메이크업의 색감, 질감, 스타일 등에서 획일화 경향에서 벗어나 개인의 나이, 육체적 특성, 기호, 활동 등에 따른 맞춤형 메이크업 시대였다. 또한 다양한 질감의 메이크업 유행, 베이스 메이크업의 자연스럽고 샤이니한 질감, 탄력 있는 피부와 건강미 강조되었다.

3 2020년대

1) 사회·문화적 배경

현대의 소비자들은 책임 있는 소비에 대해서 인식하고 있으며, 이는 소비자들의 제품 구매 패턴과 라이프스타일을 새롭게 바꾸고 있다는 것을 의미한다. 화장품 산업 분야에서는 동물을 위한 복지와 재사용이 가능한 포장재의 사용, 지속 가능한 원료 조달, 천연원료를 사용, 원료의 깨끗하고 안전한 배합, 효율적인 물(Water)의 사용방안 등의 여부를 소비자들이 중점적으로 살펴보고 있다.

'비건(Vegan)', '엄격한 채식주의자'를 뜻하는 말로 이제는 단순히 먹는 것에 그치지 않고 '비거니즘'이라는 트렌드로 뷰티 및 패션업계에 하나의 라이프스타일 키워드로 자리매김하고 있다.

[비건]

이렇게 소비자들의 지속 가능성에 대한 탐색을 제품에 그치지 않고, 제품을 만드는 기업에 대한 이미지와 인식으로까지 확대되고 있다. 따라서 이제는 뷰티 브랜드들이 사회적 책임에 대한 진보적인 면모를 적극적으로 소비자들에게 드러내야 하는 시점이다.

동물성 원료를 사용하지 않는 '크루얼티 프리(Cruelty Free: 화장품 약품 등이 동물 실험을 거치지 않고 개발된)' 화장품이 전 세계적인 트렌드로 자리 잡았으며, 채식주의자를 가리켰던 비건은 이제

단순히 채식을 통한 건강 영위에 그치지 않고 비건 화장품의 인기까지 리드하고 있다.

뷰티 산업 분야에서는 '뷰티 크리에이터(Beauty Creator)'의 유튜브의 활성화, '뷰티 인플루언서(Influencer)'의 활약, 온라인 뷰티 시장, 뷰티 교육의 온라인화, 뷰티 디바이스, 먹는 콜라겐, 이너뷰티(inner Beauty), 디톡스(detox), 클린 뷰티(Clean Beauty), 남성 화장품의 성장 등의 다양한 키워드를 중심으로 뷰티 산업이 발전하고 있다. 2022년 뷰티 분야에서는 '꾸안꾸'를 지향하는 경향이 높았다. '꾸안꾸'는 '꾸민 듯 안 꾸민 듯 자연스러운 것'을 의미하는데, 예전처럼 눈에 확 띄게 꾸미는 것보다 전반적으로 내추럴을 추구하는 경향이 높으며, 뉴트럴을 지향하는 경향, 'MLBB(My Lip But Better)'의 '내 입술같이 자연스러우면서도 본래의 입술보다 더 좋아 보인다'는 의미로서 뷰티 분야에 서는 다양한 신조들이 파생되고 있다.

[이너 뷰티]

[클린 뷰티]

2022년 기준 〈통계청〉 자료에 의하면, M세대(20.6% : 10,330천 명), Z세대(11.9% : 5,969천 명)로 전체 인구의 32.5%를 차지하고 있으며, 2022년 〈한국언론진흥재단〉 보고 에 의하면, 20대 인구층의 SNS 이용률은 72. 1%로 나타났다.

'MZ세대'는 1980~1994년도에 태어난 밀레니얼 세대(M세대)와 1995~2005년에 태어난 'Z세대'를 통칭하는 말이다.

한국 리서치가 조사한 바에 따르면, MZ 세대는 연령 차원으로 정의하는 방식보다는 '디지털 환경에 익숙하고 최신 트렌드와 이색적인 경험을 추구하는 특징'을 보이는 특성 차원으로 설명하는 방식이 더 적절하다.

MZ 세대의 연령대는 16~31세라고 답해 미디어 등에서 정의하는 MZ 세대 연령대(만 18세~42세)와는 큰 차이를 보였다.

그들은 디지털 환경에서 태어나거나 성장해, 인터넷 없는 삶은 생각조차 할 수 없는 '디지털 네이티브(digital native)'이며 스마트 기기 보유와 미디어 서비스 이용에 익숙한 세대다. 인터넷과 SNS를 통한 정보획득과 공유, 소통 및 공감에 익숙하고, 2.30대의 경우 인스타그램, 페이스북, 밴드 순으로 이용률이 높았다. 20대의 경우 58.0%가 인스타그램을 이용하는 것으로 나타났다.

[MZ 세대]

특히 MZ세대의 SNS 일상화와 인증샷 문화, 코로나 19로 인한 건강에 대한 관심 증대와 MZ세대가 처한 사회경제적 여건, 미적 기준의 강화와 확산 등은 당시 뷰티 문화 형성 및 파급에 많은 영향을 미치고 있다.

정보통신의 발전과 함께 성장한 MZ세대는 자유롭게 토론하고 각자의 의견을 빠르게 전달할 수 있는 소통방식을 선호하며, SNS를 통해 인간관계를 형성하는 것에 익숙해져 사회적 관계 유지 및 자기 표현의 수단으로 활용되고 있다(우혜진, 2017).

밀레니얼 세대는 고사양 스마트 폰과 태블릿 PC, 웨어러블 기기 등 스마트 기기 보급률이 단연 높고, OTT와 SNS, 콘텐츠 구독 서비스도 가장 활발하게 이용하고 있으며 온라인 활동을 많이 한다.

한국 미디어 패널 조사에 의하면 2010년대부터 매년 실시되는 동일 표본 추적 조사로 2022년에는 4,128가구 및 9,941명 개인을 대상으로 미디어 기기 보유 현황, 서비스 기업 및 지출 현황, 미디어 활용 현황, 미디어 다이어리 등을 조사하였다.

본 보고서에 나와 있는 MZ세대의 미디어 이용 특징 분석은 다음과 같다.

밀레리얼 세대의 스마트폰 보유율은 100%로 90.8%가 고사양 스마트폰(5G, LTE-A)을, 32.2%가 테블릿 PC를, 21.2%가 스마트 워치를 보유하고 있다.

Z세대의 98.4%가 스마트폰을 46.4%는 테블릿 PC를, 11.7%는 스마트 워치를 보유하고 있다. 밀레니얼 세대의 OTT 이용률은 99.1%, 서비스 이용 개수는 2.1개, 하루 평균 이용 시간은 주중 기준 1시간 17분으로 다른 새대에 비해 가장 활발하게 이용하고 있다.

[태블릿 PC]

SNS 이용률은 87.9%로 가장 높고, 하루 평균 이용시간은 주중 평균 39분(메타버스는 3.0%), Z세대의 OTT 이용률은 95.7%, 서비스 이용 개수는 1.9개, 하루평균 이용 시간이 주중 평균 1시간 25분으로 나타났으며, SNS 이용률은 78.3 % 하루 평균 이용 시간이 주중 평균 51분으로 나타나, OTT와 SNS 서비스 이용시간이 다른 세대에 비해 가장 긴 것이 특징이다(김윤화, 2023).

(1) 지구(환경)을 생각하는 비건 뷰티(Vegan Beauty)

보기 좋게 포장된 화장품 패키지는 과대 포장이 분명하고, 우리 피부를 지키기 위한 자외선 차단제에 든 특정 성분은 산호초의 기형과 백화(白化) 현상을 일으킨다.

뷰티업계 역시 절실한 변화의 필요성을 깨닫고 이제는 선택이 아닌 필수로 스킨케어는 물론 색조 메이크업까지 다양한 비건 제품을 출시하고 있다.

(2) 마스크로 인한 트러블 케어 제품 출시

코로나 19로 인해 마스크가 닿는 입술 주변과 볼 피부의 습도와 온도가 높아지고 잦은 접촉으로 인해 생긴 피부 트러블로 걱정하는 이들이 많아졌다.

뷰티 브랜드는 다양한 트러블 케어 제품을 선보이고 있는데, 그중에서도 민감한 피부를 진정시키는 데 도움을 주는 성분의 제품을 다양하게 선보이고 있다. 또한 마스크 착용으로 인한 피부 트러블을 잠재우는 데 필수 스킨 케어 아이템으로 자리 잡았다.

2) 메이크업

(1) 2020 메이크업 S/S 트렌드

① 뉴트럴 시크(neutral chic)

- 코비드 19로 인한 마스크 착용으로 새로이 등장한 트렌드
- 완벽한 커버력보다는 자연스러운 피부톤 지향
- 자연스러운 눈매 연출과 펜슬 아이라이너의 사용, 아이브로와 속눈썹 결을 살린 메이크업

② 번트 컬러(burnt color)

- 마스크로 얼굴을 가리고 있는 시간이 길어지며 눈에 포인트를 준 메이크업이 주목받게 되며, 톤 다운된 레드 브라운의 번트 컬러가 립, 아이섀도, 블러셔까지 인기가 있다.

③ 메이크업의 젠더리스(genderless)

- 메이크업의 젠더리스 현상이 부각되고 있다.
- 뷰티와 패션에 관심이 많아 자기관리에 철저한 남성들은 비비크림, 아이브로, 수정용 쿠션 등을 파우치에 소장하고 다닌다.

④ 톤업(Tone Up) 크림의 진화

- 피부톤을 자연스럽게 한두 톤 밝게 해주는 용도로 쓰여진다.
- 최근에는 자외선 차단기능과 퍼스널 컬러에 적합한 다양한 컬러의 톤업 크림이 출시되고 있다.

(2) 2020~2022년

2020~2022년은 코로나 시대로 항시 마스크를 착용하던 시기로 아이 메이크업에 집중하였다. 마스크 착용이 의무화되며 아이 메이크업의 비중이 커졌다.

2020년 패션 런웨이 모델들의 고정관념을 깬 컬러 아이 메이크업은 물론 마크 제이콥스와 베르사체, 피터 필로터 등의 런웨이에 선 모델들은 눈두덩이 위에 컬러풀한 아이섀도를 라이너처럼 그려 넣었고, 그 형태는 반원, 캣츠 아이 등 다양하였다.

또한 Y2K 세기말 감성을 듬뿍 담은 스타일을 선보여 화제를 모았다. 역시 뜨거운 Y2K 트렌드와 과감한 핑크 컬러 터치로 아이홀과 치크를 강하게 강조하면서 글리터와 스팽글 등의 빛나는 포인트로 발랄한 분위기를 느끼게 한다. 눈꼬리를 길게 빼는 아이라인이 특징이다.

① 내추럴 글로우 메이크업(Natural Glow Makeup)

㉠ 베이스 메이크업(Base Makeup)

내추럴 글로우 메이크업의 메인은 바로 이 베이스 메이크업부터 시작된다. 피부 보습을 촉촉하게 표현한 후 수분감이 있는 프라이머와 베이스로 이슬을 머금은 듯한 광채나는 피부 표현이 중요하다. 수분감이 있는 촉촉한 리퀴드 파운데이션이나 에어쿠션 팩트(Air Cushion Pact)를 사용하여 피부 표현을 최대한 얇고 투명하게 표현하고 자연스럽고 건강하게 빛나는 광채 피부를 완성하는 것이 포인트이다.

베이스 제품 선택 시 커버, 밀착, 지속에 비중을 두어야 하며, 완벽한 커버보다는 얇고 자연스러운 커버가 가능해야 한다. 또한 피부에 완벽히 밀착시켜 투명함과 글로우한 이미지로 촉촉하고 맑은 피부가 유지되도록 하는 것이 좋다.

[쿠션팩트]

㉡ 아이 메이크업(Eye Makeup)

내추럴을 지향하다 보니 아이 메이크업은 진한 아이라인보다는 자연스러운 음영으로 깊이 있는 눈매를 표현하는 것이 좋다. 아이섀도는 동양인의 노르스름한 피부와 잘 어울리는 브라운 컬러가 좋으며, 그중 가장 인기있는 피넛 버터(peanut butter) 컬러와 레드 브라운 계열의 '번트 컬러(burnt color)'를 활용하였다. 연출 방법은 피넛버터 컬러 아이섀도를 여러 번 덧발라 음영감을 살리면 편안하고 차분한 느낌을 주고, 여기에 비슷한 톤의 블러셔 혹은 누드 립컬러로 마무리하면 컬러의 통일감을 느낄 수 있다. 눈썹은 본인의 눈썹 모양을 최대한 살려 자연스럽게 채워주는 정도로 마무리하고, 마스카라를 이용하여 속눈썹을 섬세하게 채워준다.

[번트 컬러]

ⓒ 치크와 립 메이크업(Cheek & Lip Makeup)

치크 메이크업은 촉촉한 베이스가 무너지지 않도록 크림이나 밤 형태의 촉촉한 제품을 사용하는 것이 좋고, 또 전체적으로 얇고 넓게 발라주어 자연스러운 혈색을 띠게 해주는 것이 포인트이다. 립 메이크업 역시 글로우하게 연출하는 것이 좋은데, 촉촉하고 투명한 립글로스를 사용하거나 촉촉한 립밤을 듬뿍 바른 후 립 제품을 사용해 반짝이고 건강해 보이는 입술을 만들어 준다. 이때 입술 전체에 컬러를 진하게 채색하기보다는 입술 안쪽에서부터 바깥쪽으로 그러데이션을 주어 입체감 있는 볼륨감을 연출해주는 것이 좋다.

ⓓ 볼드 립 메이크업(Bold Lip Makeup)

볼드 립 메이크업은 내추럴 퓨어 메이크업과는 상반된 대담한 메이크업이며, 특히 립 메이크업을 강조하는 것이 특징이다. 대체적으로 동양인의 노르스름한 피부톤에 잘 어울리는 레드 컬러로 디자인된 화장품 케이스와 립스틱, 2020년 유행 컬러인 스칼렛 레드로 볼드 립 메이크업을 연출하는 것이 유행하였다.

[볼드 립 메이크업]

(3) 2023년

2023년 베이스 메이크업 트렌드는 물광, 그 이상이었다. 방금 샤워한 것처럼 촉촉하고 맑은 것으로는 부족하다. 글레이즈도 도넛이나 젤리처럼 탱글탱글하고 매끄럽거나 은하수처럼 오묘하게 빛나야 한다.

특히 2023년 상반기에 눈두덩이에도 립글로스를 바르는 등 글로시한 메이크업이 유행하였다. 말린 장밋빛의 톤다운된 컬러가 모든 계절의 여성을 더욱 아름답게 만들어주어 마치 내 입술과 같은 'My Lip But Better'라는 의미로 선명한 꽃분홍이 아닌 브라운 컬러가 살짝 가미된 오묘하고 다양한 톤의 아이섀도부터 치크, 립까지 제품군 역시 다양하게 선보였다.

한 번의 터치로 혈색을 주고, 어떤 스타일에도 어우러져 실패가 없는 메이크업을 완성해 준다.

PART 02

피부와 기초화장품

K BEAUTY

MAKEUP

BASIC

Beauty Make up

01 CHAPTER

피부의 이해

피부(皮膚, Skin)는 신체의 가장 바깥 표면을 덮고 있는 부위로 신체 기관 중 가장 넓은 부위를 차지하고 있다. 자외선, 기온, 습기, 먼지, 오염 등의 외부 요인으로부터 신체를 보호하고, 혈액을 통해 영양분을 전달하며, 땀을 배출함으로써 체온을 조절하는 기능 등을 가지며, 재생력이 매우 좋은 기관 중 하나이다.

1 피부의 구조

피부는 표피, 진피, 피하조직의 3개의 층으로 구성되어 있으며, 피부 부속기관으로는 피지선과 한선이 있다.

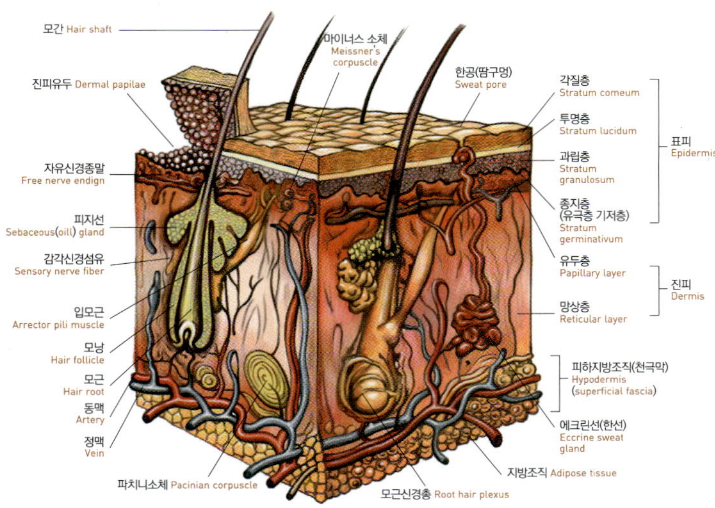

[피부의 구조]

1) 표피

표피(表皮)는 피부의 가장 바깥층으로 육안으로 보고 직접 만질 수 있는 부위이다. 혈관과 신경이 없는 상피세포이며, 0.07~0.12mm의 얇은 막으로 구성된 5개의 층으로 구성되어 있다.

분류	특징
각질층	피부의 가장 바깥 상층으로 비듬, 때, 각질 등의 죽은 세포의 각화 현상이 이루어지고, 피부를 보호하는 역할을 한다.
투명층	각질층 바로 아래의 투명한 세포로 발바닥, 손바닥에만 존재하며, 피부 외부로부터 수분 침투를 막는 방어막 역할을 한다.
과립층	표피에서 지방 세포를 생성하는 역할을 하며, 피부의 수분 증발과 자외선 침투를 막는다.
유극층	표피 중 가장 두꺼운 부분으로 세포 내 영양분 교환과 노폐물 배출의 역할을 한다. 피부 면역 기능의 랑게르한스 세포가 존재한다.
기저층	표피의 가장 아래층에 위치하며 진피로부터 영양을 공급받고, 각질세포를 형성한다. 멜라닌 색소로 피부색을 좌우하고, 촉각을 감지하는 머켈세포가 분포해있다.

2) 진피

피부의 90% 차지하는 진피(眞皮)층은 탄력성과 신축성이 있는 탄력섬유(엘라스틴)와 피부 내 자연 보습 기능을 담당하는 교원섬유(콜라겐)으로 구성되어 있다. 진피는 유두층과 망상층의 2개 층으로 구성되어 있다.

분류	특징
유두층	표피와 닿아있는 부위로 모세혈관에서 혈액을 통해 표피의 기저층에 영양을 공급하고 산소 운반을 한다. 촉각, 통각의 신경 전달 기능과 온도 조절 기능의 역할을 한다.
망상층	진피의 80%를 차지하는 층으로 콜라겐과 엘라스틴으로 피부 탄력을 유지하도록 한다. 혈관, 피지선, 한선이 분포되어 있으며, 온각, 냉각, 압각을 감지할 수 있다.

3) 피하조직

피하조직(皮下組織)은 피부 조직 중 가장 아래층으로 영양소를 저장하고, 수분 조절 및 체온 조절 기능을 한다. 외부 충격으로부터 신체를 보호할 수 있다. 지방의 양에 따라 신체 라인이 달라질 수 있으며, 지방층의 두께는 인종, 성별, 영양 상태, 피부 부위 등에 따라 다르다.

4) 피지선

피지선(皮脂腺)은 진피에 있는 분비선으로 모낭 옆에 있으며 지방을 분비하여 피부에 광택, 유연성, 탄력성을 준다. 피지는 성인 기준으로 하루 1~2g의 피지가 배출된다. 얇은 막을 형성하여 이물질 침투를 억제하고, 수분 손실을 억제하며 피부를 부드럽게 한다.

얼굴의 T존과 턱, 가슴과 등에 큰 피지선이 분포하고, 투명층이 있는 손바닥과 발바닥을 제외한 전신에 작은 피지선이 분포한다. 남성 호르몬(안드로겐)이 피지선을 자극하여 여성보다 남성에서 지성 피부가 더 많이 나타난다.

5) 한선

한선(汗腺)은 땀을 배출하는 분비선(땀샘)으로 전신에 분포하고, 수분 조절, 체온 조절, 노폐물 배설 등의 역할을 한다. 아포크린선(대한선)과 에크린선(소한선)으로 분류된다.

한선의 종류	특징
아포크린선 (대한선)	에크린선보다 선체가 크고 털과 함께 존재하며, 겨드랑이, 유두, 항문 주위, 외음부 등에 분포되어 있다. 사춘기 이후 주로 발달하고, 세균 감염을 일으켜 냄새를 유발하기도 한다.
에크린선 (소한선)	약산성으로 세균 번식을 억제하여 무색, 무취, 무미의 땀이 분출되며, 털이 없이 나선 모양으로 진피 내에 존재한다. 입술, 음부를 제외한 전신에 분포하며, 손바닥, 발바닥, 얼굴 등에 많이 분포되어 있다.

2 피부의 유형

피부는 피지선과 한선의 기능에 따라 중성, 지성, 건성, 민감성, 여드름, 노화, 민감성 피부 등으로 분류된다. 피부를 관리하기 위해 정확한 피부 진단이 먼저 필요하다. 피부 진단은 견진, 촉진, 문진으로 이루어진다.

피부 진단 방법	특징
견진(見診)	육안 또는 기구를 사용하여 관찰하여 진단하는 피부분석법
촉진(觸診)	손으로 직접 만져 촉각으로 진단하는 피부분석법
문진(問診)	고객에게 피부에 관한 다양한 정보를 질문하는 피부분석법

1) 중성피부

중성피부(Normal Skin)란 피지선과 한선의 생리 기능이 균형을 이룬 상태로 피지와 땀의 분비가 적당하여 촉촉하며 피부 당김이 적은 건강한 피부를 말한다. 모공이 작고 탄력이 있으며, 혈색이 좋은 특징이 있다.

2) 지성 피부

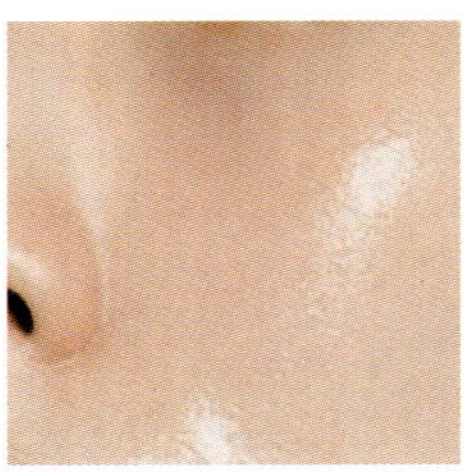

지성피부(Oily Skin)는 피지선의 항진으로 피지가 과다 분비되어 번들거리고 모공이 넓은 특징이 있다. 외부 자극에 강하고 잔주름이 적은 장점이 있으나, 모공이 막히면 여드름, 뾰루지가 나기 쉽고 기름기로 인해 메이크업이 잘 지워지는 편이다.

3) 건성 피부

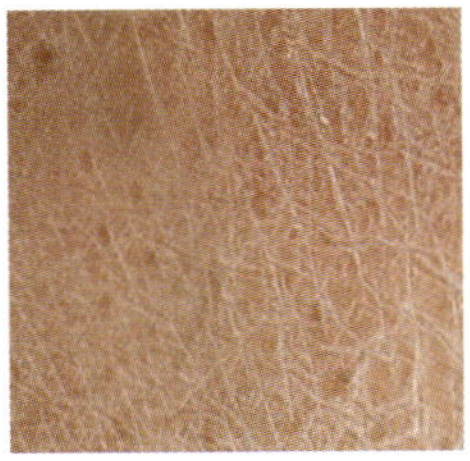

건성피부(Dry Skin)란 피지선과 한선의 기능 저하로 피지량과 땀이 적어 건조한 피부이다. 모공이 작은 장점이 있으나, 윤기가 없고 각질이 잘 생기며 피부 당김이 심하다. 피부가 얇아 잔주름이 잘 생기고 예민할 수 있으며, 화장이 잘 받지 않고 들뜨기 쉽다.

4) 민감성 피부

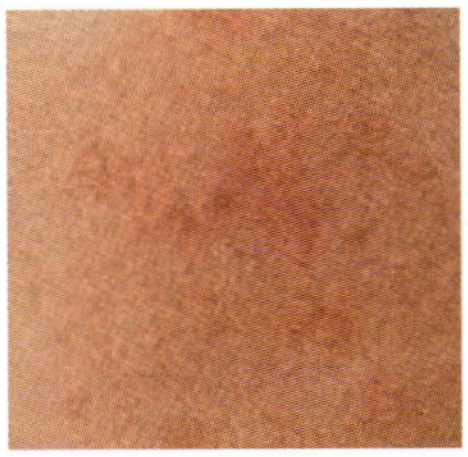

피부가 매우 얇거나 면역 저하로 햇빛, 바람, 미세먼지 등의 외부 자극과 화장품 등에 예민하게 반응하는 피부를 민감성 피부(Sensitive Skin)라고 한다. 피부 건조화가 쉽게 일어나며, 모세혈관 확장, 홍반, 발열, 습진, 따가움, 알레르기 등의 반응이 일어나기도 한다.

5) 여드름 피부

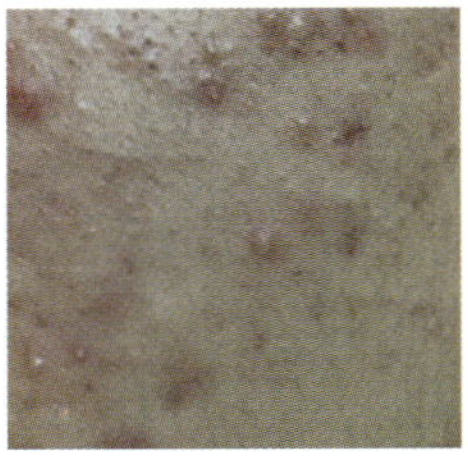

여드름 피부(Acne Skin)란 피지선에서 과다 분비된 피지가 모공을 막아 염증이 생긴 피부를 말한다. 모공이 넓고, 구진, 면포, 농포, 화농 등의 피부 트러블이 발생하며, 피부 발열이 일어나기도 한다. 호르몬 불균형으로 인하여 사춘기에 많이 나타난다.

6) 노화 피부

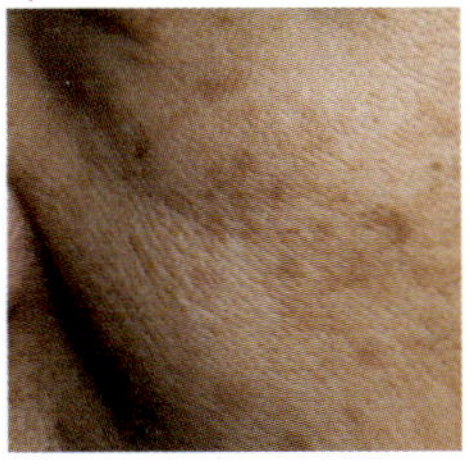

노화 피부(Aging Skin)란 나이가 들어감에 따라 피부의 탄력이 점차 떨어지면서 주름이 생기고 처진 상태를 말한다. 피지 분비와 수분 감소로 피부가 점차 건조해지며 얇아지고, 노인성 반점이 나타나기도 한다.

7) 복합성 피부

복합성 피부(Combination Skin)란 피부 부위에 따라 피지선과 한선의 불균형으로 다양한 피부 유형이 복합적으로 나타나는 것을 말한다. 일반적으로 얼굴의 T존 및 피지선이 항진된 부위는 모공이 넓고 지성 피부인 경우가 많고, U존은 건성 또는 민감성 피부인 경우가 많다. 피부 부위에 따라 기초화장품이나 베이스 메이크업 제품을 선택하여 사용하는 것이 좋다.

3 피부와 자외선

1) 자외선

빛은 자외선(UV), 가시광선, 적외선 등으로 분류되며, 자외선(UV, Ultraviolet rays)은 약 10~400nm에 해당하는 단파장으로 피부에 강한 자극을 준다. 자외선은 혈관 및 림프관의 순환을 자극하여 신진대사를 촉진하고, 살균 작용 및 피부의 비타민D 합성에 관여하는 장점이 있으나, 장시간 노출 시에는 색소 침착, 피부 트러블, 주름, 광노화(光老化, Skin Photoaging) 등의 원인이 되기도 한다.

2) 자외선의 분류

자외선은 파장에 따라 UV-A, UV-B, UV-C로 분류되며, UV-C는 대부분 오존층에 흡수되고, UV-A와 UV-B는 피부에 닿아 영향을 미친다.

분류	특징
UV-A	320~400nm에 해당하는 파장이 길고 자외선 세기는 상대적으로 약하여 생활 자외선이라 부르며, 기미, 주근깨 등의 색소 침착과 피부 건조, 피부 노화의 원인이 된다.
UV-B	280~320nm에 해당하는 파장으로 UV-A보다 자외선 세기가 강하다. 기미, 주근깨의 색소 침착뿐 아니라 장시간 노출 시 피부 홍반, 일광 화상에 이르기도 한다. 비타민 D의 생성에 관여한다.
UV-C	100~280nm에 해당하는 가장 짧은 단파장으로 대부분 오존층에서 흡수되어 피부에 큰 영향은 없으나, 환경오염에 의한 오존층 파괴로 일부 지상에 도달하기도 하여 문제가 되고 있다. 강력한 살균과 소독 작용이 있어 여드름 피부 등의 피부 치료에 사용되기도 하나 지나친 노출 시 피부암의 원인이 된다.

3) 자외선과 피부 관리

피부에 자외선이 닿으면 멜라닌 색소(Melanin)가 침착하여 얼굴에 기미, 주근깨와 같은 갈색의 불규칙한 색소반이 생긴다. 주근깨는 유전적인 소인이 많지만, 여름철 햇빛이 강한 시기에 짙어지며 기미는 눈 주위, 광대뼈 위 등 햇빛이 많이 닿는 부위에 많이 나타난다. 자외선에 지나치게 노출되는 경우, 피부 광노화가 일어나기도 한다. 이러한 자외선이 피부에 미치는 영향을 피하려면 자외선 차단제(紫外線遮斷劑, Sunblock)를 바르는 것이 좋다.

분류	특징
SPF	SPF(Sun Protection Factor)는 UV-B를 차단하는 정도를 나타내는 지수로 "제품을 바른 피부와 제품을 바르지 않은 피부의 최소 홍반량(MED, Minimum Erythemal Dose)의 비"를 말한다. 최소 홍반량은 UV-B를 사람 피부에 조사하고 16~24시간 이내에 조사 영역의 대부분에 홍반을 나타낼 수 있는 최소한의 자외선량을 말한다. ex〉 UV-B 차단효과: SPF50 〉 SPF30

분류	특징
PA	PA(Protection of UVA)는 UV-A를 차단하는 정도를 나타내는 지수로 "제품을 바른 피부와 바르지 않은 피부의 최소 지속형 즉시 흑화량의 비(MPPD, Minimal Persistent Darening Dose)"를 말한다. 최소 지속형 즉시 흑화량은 UV-B를 사람 피부에 조사하고 2~4시간 이내에 조사 영역의 대부분에 흑화가 인식되는 최소 자외선 조사량을 말한다. ex〉 UV-A 차단효과: PA+++ 〉 PA+

[자외선과 자외선 차단제의 효과]

Beauty Make up

02 CHAPTER 기초화장품의 이해

1 기초화장품의 유형

기초화장품(Basic Cosmetics)이란 토너, 로션, 크림과 같이 피부 손질에 사용하는 화장품을 뜻하는 말이다. 크게 클렌징 제품과 기초 제품으로 분류한다.

1) 클렌징 제품

클렌징(Cleansing)이란 피지나 땀, 각질 등의 피부 불순물과 메이크업 잔여물, 외부의 먼지등 이물질을 깨끗이 제거하는 것으로 피부를 청결하게 하고, 피부 호흡과 신진대사를 촉진한다.

일반적으로 포인트 메이크업을 먼저 제거하고. 피부를 클렌징하며, 피부 유형에 따라 적합한 클렌징 제품을 선택해야 한다.

클렌징 제품 유형	특징
클렌징 워터 (Cleansing Water)	리퀴드 타입의 클렌징 제품으로 화장솜에 묻혀 피부결 방향으로 닦아내듯 사용한다. 가벼운 메이크업을 지우거나 지성, 여드름 피부에 적합하다.
클렌징 젤 (Cleansing Gel)	수성 타입의 클렌징 제품으로 물로 제거할 수 있어 이중세안이 필요 없다. 청량한 사용감으로 여름에 사용하거나 가벼운 메이크업에 사용한다. 유분에 예민한 민감성, 여드름 피부에 추천한다.
클렌징 로션 (Cleansing Lotion)	유분 함량이 낮고 수분 함량이 낮은 로션 타입의 제품으로 끈적임이 적고, 마사지하듯 발랐다가 티슈나 솜으로 닦아낸다. 피부 자극이 적어 건성, 지성, 여드름, 민감성 피부 등 폭넓게 사용한다.
클렌징 크림 (Cleansing Cream)	유분 함량이 높아 짙은 메이크업을 클렌징하기 좋다. 마사지하듯 발라 클렌징하고, 티슈나 해면 등으로 닦아낸다. 유분이 많아 폼으로 이중 세안을 하는 것이 좋다.
클렌징 오일 (Cleansing Oil)	수용성 오일 제형으로 물을 묻히면 쉽게 용해되어 물에도 잘 지워진다. 이중세안 없이 흐르는 물에 세안하여 마무리할 수 있다.
클렌징 폼 (Cleansing Foam)	물과 함께 거품을 만들어 씻어내는 클렌징 제품으로 단독으로 사용하기도 하고, 이중 세안 용도로 사용하기도 한다. 세정력이 뛰어나며, 흐르는 물에 세안하여 마무리한다.
립&아이 리무버 (Lip&Eye Remover)	눈과 입술의 포인트 메이크업을 지울 때 사용하는 전용 리무버이다. 일반적으로 포인트 메이크업을 먼저 제거하고 베이스 메이크업을 지운다.
클렌징 티슈 (Cleansing Tissue)	티슈 또는 패드 타입에 클렌징 워터가 적셔져 있는 형태로 한 장씩 사용할 수 있어 휴대성이 좋다. 세게 문지르면 피부를 민감하게 만들 수 있으므로 주의한다.

2) 기초 제품

기초 제품 유형	특징
토너 (Toner)	세안 후 남은 메이크업 잔여물을 제거하고, 약산성으로 정돈하는 역할을 하는 화장수이다. 각질층에 보습과 영양 성분을 공급하여 피부를 촉촉하고 부드럽게 한다. 보습과 유연 효과가 있는 토너를 유연화장수라 하며, 알코올 배합이 높아 소독과 모공 축소 효과가 있는 토너를 수렴화장수(아스트리젠트)라 부른다.
에센스 (Essence)	고농축의 미용 성분으로 소량으로도 피부에 보습과 영양, 기능성 효과를 주는 제품이다. '세럼'이라고도 부르며, 일반적으로 스킨 또는 로션 다음 단계에서 사용한다.
로션 (Lotion)	토너보다 점성이 있는 제품으로 피부에 수분과 영양을 공급하는 유화 상태의 액체 크림이다. 에멀션(Emulsion)이라고도 부르며, 일반적으로 토너로 얼굴을 정돈한 후 사용한다.
크림 (Cream)	유화 상태의 제형이 고형화되어 있는 것으로 피부에 수분감, 영양을 제공하여 부드럽고 유연하게 한다. 기능에 따라 수분크림, 영양크림, 데이크림, 나이트크림, 자외선차단크림 등으로 나뉜다.
팩 (Pack)	피부에 수분과 영양을 공급하고, 피부의 신진대사를 촉진시킨다. 팩을 제거하는 방법에 따라 팩제를 발랐다가 떼어내는 타입의 필 오프 타입(Peel-Off), 물로 씻어내는 워시오프 타입(Wash-Off), 크림 제형을 발랐다가 닦아내는 티슈오프 타입(Tissue-Off), 시트 팩제를 붙였다 제거하는 시트팩(Sheet) 타입이 있다.

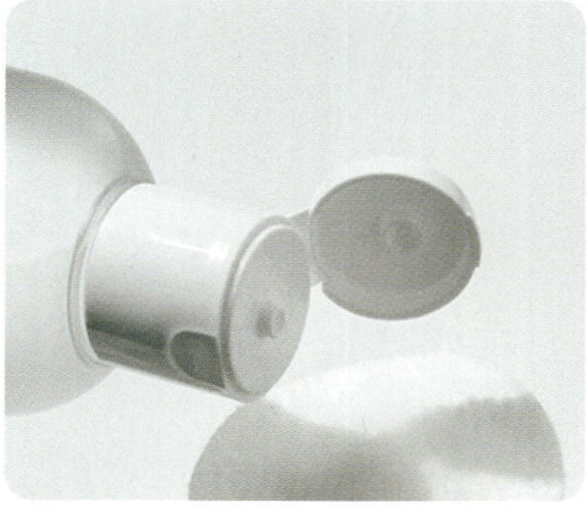
[토너]

[에센스]

[시트팩]

2 피부 유형별 기초화장품

1) 중성 피부

기초화장품 유형	관리 방법
클렌징	• 계절, 피부 상태에 따라 클렌징 제품을 선택하는 것이 좋으며, 특별하지 않으면 클렌징 로션이 추천된다.
토너	• 계절, 피부 상태에 따라 토너 제품을 선택하는 것이 좋으며, 유연 화장수가 추천된다.
기초화장	• 클렌징→토너→수분 에센스→보습 로션→보습 크림

2) 지성 피부

기초화장품 유형	관리 방법
클렌징	• 클렌징 워터 또는 클렌징 로션, 젤을 사용한다. • 유분을 제거할 수 있는 클렌징폼으로 2차 세안을 한다.
토너	• 아스트리젠트와 같이 모공을 수축시켜 주는 수렴 토너를 사용한다.
기초화장	• 클렌징→수렴 토너→피지조절 에센스→보습 크림

3) 건성 피부

기초화장품 유형	관리 방법
클렌징	• 유·수분을 적절히 함유한 클렌징 로션, 크림, 오일을 사용한다. • 약산성 클렌징폼을 사용하고 미온수로 씻어낸다.
토너	• 무알콜 토너 또는 약산성 토너를 사용한다.
기초화장	• 클렌징→보습 토너→보습 에센스→수분영양 크림

4) 민감성 피부

기초화장품 유형	관리 방법
클렌징	• 무향, 무색소, 무자극의 진정용 클렌징 젤, 로션, 크림을 사용한다. • 약산성 클렌징폼을 사용하여 미온수로 씻어낸다.
토너	• 무알콜의 진정 기능이 있는 토너를 사용한다.
기초화장	• 클렌징→무알코올 토너→보습 에센스→진정 크림

5) 여드름 피부

기초화장품 유형	관리 방법
클렌징	• 클렌징 워터, 로션, 젤을 사용한다. • 여드름 전용 클렌징폼을 사용하고 따뜻한 물로 씻어낸다.
토너	• 수렴 토너 또는 여드름 전용 토너를 사용한다.
기초화장	• 클렌징→토너→피지조절 에센스→항염 크림

6) 노화 피부

기초화장품 유형	관리 방법
클렌징	• 유·수분을 적절히 함유한 클렌징 로션, 크림, 오일을 사용한다. • 피부가 건조해지지 않도록 주의하며, 약산성 클렌징폼이 추천된다.
토너	• 영양보습 토너를 사용한다.
기초화장	• 클렌징→영양보습 토너→영양보습 에센스→영양보습 크림

7) 복합성 피부

기초화장품 유형	관리 방법
클렌징	• 예민하거나 건조한 피부가 있는 복합성 피부라면 민감성 피부를 기준으로 클렌징 제품을 선택한다.
토너	• 무알코올 또는 약산성의 진정 기능이 있는 토너를 사용한다.
기초화장	• 클렌징→토너→보습 에센스→보습 크림

K BEAUTY

MAKEUP

BASIC

PART 03

메이크업 기초

K BEAUTY

MAKEUP

BASIC

Beauty Make up

01 CHAPTER 메이크업의 기초 이론

1 메이크업의 유형 분류

메이크업의 유형은 목적에 따라 크게 뷰티 메이크업, 캐릭터 메이크업, 아트 메이크업, 속눈썹 메이크업 등으로 분류할 수 있다.

메이크업의 유형 분류		특징
뷰티 메이크업	내추럴 메이크업	피부색을 그대로 살리고, 도드라지지 않는 색을 사용하여 표현하는 자연스러운 메이크업
	이미지 메이크업	로맨틱, 엘레강스, 매니시 등의 이미지 룩(Look)에 어울리는 메이크업
	트렌드 메이크업	시대별 유행, 시즌별 유행, 최신 유행 등의 트렌드를 반영하는 메이크업
	T·P·O 메이크업	웨딩 메이크업, 파티 메이크업 등 시간, 장소, 상황에 따라 어울리게 연출하는 메이크업
캐릭터 메이크업	미디어 메이크업	잡지, TV, 영화, OTT 등 미디어 매체에 등장하는 캐릭터를 표현하는 메이크업
	무대 메이크업	연극, 오페라, 뮤지컬 등 무대에 등장하는 캐릭터를 위해 연출되는 메이크업
	특수분장 메이크업	라텍스, 더마왁스, 콜드폼 등 특수 메이크업 재료를 활용한 캐릭터 메이크업

메이크업의 유형 분류		특징
아트 메이크업	페이스 페인팅	수성물감, 유성물감 등 인체용 아트 메이크업 제품을 사용하여 얼굴 위주로 표현하는 예술적인 메이크업
	판타지 메이크업	아트 메이크업 제품과 오브제를 활용하여 상체 위주로 표현하는 예술적 감각의 메이크업
	바디페인팅	아트 메이크업 제품과 오브제를 활용하여 얼굴을 포함한 전신(全身)에 표현하는 예술적 감각의 메이크업
속눈썹 메이크업	속눈썹 연출	아이 메이크업 시 메이크업 이미지에 맞는 인조속눈썹을 속눈썹 부위에 붙여 연출
	속눈썹 연장·증모	속눈썹에 가모(假毛)를 직접 붙여 길이를 연장(延長)하거나 증모(增募)하여 연출
	속눈썹 펌	속눈썹에 속눈썹 전용 펌(Permanent Wave)제를 사용하여 컬(Curl)을 연출

2 메이크업 브러시와 도구

1) 메이크업 브러시

메이크업 시 다양한 브러시와 도구를 활용하여 베이스 메이크업 제품을 피부에 바르거나 색조 메이크업을 표현할 수 있다. 브러시는 족제비털, 청설모털, 조랑말털 등의 천연모와 합성섬유로 만든 인조모가 있으며 용도에 따라 선택하여 사용한다.

메이크업 브러시		특징
	페이스 브러시 (Face)	브러시 세트에서 가장 크기가 큰 브러시로 파우더를 바르거나 털어낼 때 사용한다. 부드러운 천연모로 만든다.
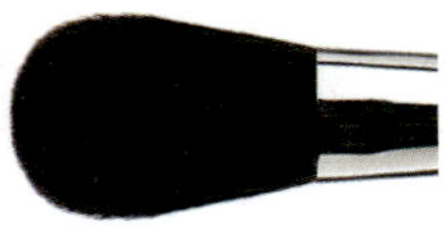	치크 브러시 (Cheek)	부드럽고 풍성한 천연모로 만든 브러시로 치크 메이크업 또는 셰이딩 표현 시 사용한다. 둥근 형태는 넓고 부드러운 브러시를 사용하고, 정확한 컬러 표현 시에는 짧은 길이의 치크 브러시를 사용한다.
	아이섀도 브러시 (Eyeshadow)	얇고 민감한 눈 주위에 사용하는 브러시로 주로 피부 자극이 적은 부드러운 천연모로 만든다. 크기에 따라 베이스 컬러용, 메인 컬러용, 포인트 컬러용으로 구분하여 사용한다.
	아이브로 브러시 (Eyebrow)	납작한 사선형의 얇은 형태로 눈썹을 그리거나 선적인 이미지를 표현할 때 사용한다. 주로 뻣뻣한 돼지털로 만든다.
	팬 브러시 (Fan)	부채꼴 모양의 브러시로 여분의 파우더나 아이섀도 등의 가루 제형을 털어낼 때 사용한다. 천연모 또는 인조모로 얇고 넓게 만든다.
	파운데이션 브러시 (Foundation)	메이크업 베이스, 파운데이션 등의 리퀴드 또는 크림 베이스 메이크업 제품을 바를 때 사용하는 브러시로 주로 탄력 있는 인조모로 만든다. 세균 번식을 막기 위해 자주 세척하는 것이 좋다.

메이크업 브러시		특징
	컨실러 브러시 (Concealer)	리퀴드 또는 크림 제형의 컨실러 제품을 바를 때 사용하는 브러시로 주로 짧고 탄력 있는 인조모로 만든다.
	립 브러시 (Lip)	립메이크업 시 사용하는 탄력성이 좋은 브러시로 주로 인조모로 만든다. 브러시 끝이 갈라지지 않고 모여있는 것이 좋다.
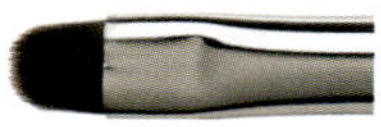	아이라이너 브러시 (Eyeliner)	젤 타입, 케이크 타입 등의 아이라이너 제품과 사용하며 얇고 섬세하고 또렷한 아이라인을 그릴 수 있도록 숱이 적고 가늘다. 끝이 갈라지지 않는 탄력 있는 인조모의 브러시가 좋다.
	스크루 브러시 (Screw)	나선형 모양의 브러시로 눈썹을 정리하거나 뭉친 마스카라를 빗어 풀어줄 때 사용한다. 일회용 마스카라 브러시로 사용하기도 한다.
	스펀지 팁 (Sponge Tip)	스펀지 재질의 팁이 붙어있는 브러시로, 아이섀도를 선명하게 바를 때 사용한다.

2) 메이크업 도구

메이크업 도구		특징
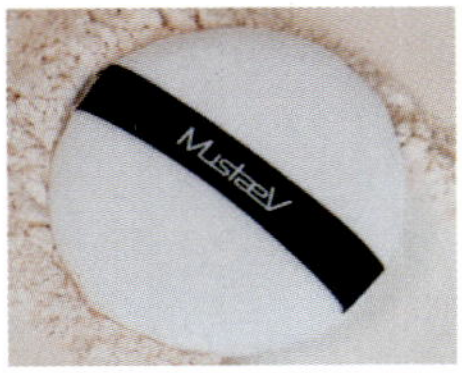	파우더 퍼프 (Powder Puff)	파우더를 바를 때 사용하는 도구로 주로 면과 우단으로 만든다. 피부에 직접 닿는 제품이므로 부드러운 퍼프를 선택해야 하며, 사용 후에는 미지근한 물에 중성 세제를 이용하여 형태가 틀어지지 않게 세척하여 건조한다.
	스펀지 (Sponge)	메이크업 베이스, 파운데이션 등 리퀴드 제품을 바를 때 사용하며, 주로 라텍스(Latex Sponge)나 해면(Sea Sponge)으로 만든다. 세균 번식이 쉬우므로 반드시 일회용으로 사용한다.
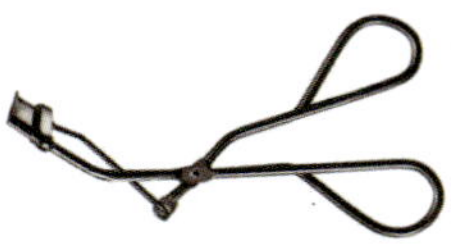	아이래시 컬러 (Eyelashes Curler)	속눈썹에 컬을 만드는 도구로 뷰러(Viewer)라고도 한다. 고무는 탄력이 있어야 하며, 눈의 굴곡에 맞는 아이래시 컬러를 선택하는 것이 좋다. 컬은 속눈썹 뿌리부터 3번 이상 집어주어 컬을 만드는 것이 자연스럽다.
	팔레트 (Pallet)	메이크업 재료를 소량 덜어내어 사용하거나 섞어서 사용하기 위해 사용한다. 위생을 위하여 소독하여 사용하는 것이 좋다.
	스패출러 (Spatula)	립스틱, 크림 파운데이션 등의 크림 제형의 메이크업 제품을 위생적으로 덜어서 사용할 때 주로 사용하는 도구이다.
	펜슬 샤프너 (Pencil Sharpener)	아이브로 펜슬, 아이라이너 펜슬 등 펜슬 형태의 메이크업 제품을 깍을 때 사용한다.

메이크업 도구		특징
	눈썹가위 (Eyebrow Scissor)	눈썹을 잘라 눈썹 모양을 정리하거나, 인조속눈썹을 다듬거나 자를 때 사용하는 도구이다.
	눈썹칼 (Eyebrow Knife)	눈썹 주변의 잔털을 정리하거나 눈썹 모양을 다듬을 때 사용하는 도구이다. 털이 난 방향과 반대로 제거하듯 사용하며, 피부가 베이지 않도록 주의한다.
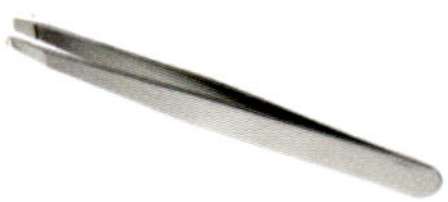	핀셋 (Tweezer)	눈썹을 뽑거나 이물질을 제거할 때 사용하거나 인조속눈썹, 큐빅 등을 잡아 붙일 때도 사용한다. 핀셋의 끝이 정확하게 맞물리는 것이 좋다.
	화장솜 (Cotton Pad)	리퀴드 제품을 발라 피부결을 정리하거나 토너를 흠뻑 묻혀 스킨팩 용도로 사용한다. 포인트 메이크업을 클렌징할 때도 유용하다.
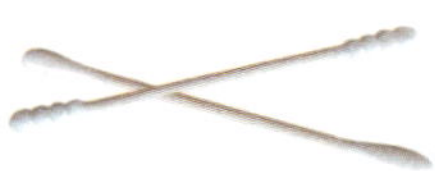	면봉 (Cotton Bud)	아이 메이크업과 립메이크업의 라인을 수정할 때 사용하거나 크림 제형의 제품을 바를 때도 사용한다.

Beauty Make up

02 CHAPTER

베이스 메이크업(피부표현 메이크업)

메이크업이란 화장품과 도구를 사용하여 얼굴 또는 신체의 결점을 보완하고, 개성과 미(美)를 부각하는 것이다. 메이크업은 피부를 아름답게 표현하는 '피부표현 메이크업(Base Makeup)'과 색감을 부여하는 '색조 메이크업(Point Makeup)'으로 이루어진다.

1 베이스 메이크업 제품의 유형

1) 메이크업 베이스

메이크업 베이스(Makeup Base)는 파운데이션 전 단계로 피부결과 피부톤을 보정하고, 색조화장품으로부터 피부를 보호하며 파운데이션의 밀착력을 높여주는 역할을 한다. 피부 타입에 따라 제품을 선택한다.

메이크업 베이스의 종류	특징
수분 메이크업 베이스 (Moisturized Makeup Base)	피부에 고농축의 수분을 공급하여 피부를 촉촉하게 만드는 제품으로 에센스 제형에 가깝다.
펄 메이크업 베이스 (Pearl lMakeup Base)	미세한 펄감이 들어있어 글로시한 피부표현이 가능하며, 쉬머 메이크업 베이스(Shimmer Makeup Base)라고도 부른다.
컬러 컨트롤 베이스 (Color Control Base)	피부톤에 따라 컬러를 선택하여 피부톤을 보정하는 제품이다. 붉은기가 많은 피부톤에는 그린 계열, 혈색을 부여할 땐 핑크 계열, 노란기가 많은 피부톤에는 퍼플 계열, 태닝한 듯한 피부톤에는 오렌지 계열의 컬러를 사용한다.
프라이머 (Primer)	실리콘 베이스의 제품으로 피부의 울퉁불퉁한 요철이나 모공 등을 메꾸어 매끈한 피부를 연출한다.
비비크림 (B.B. Cream)	블레미시 밤(Blemish Balm)의 약자로, 원래 피부과 진료 후 피부 재생 및 보호, 붉은기 커버의 목적을 가진 제품이었다. 피부톤을 가볍게 정리하는 제품으로 사용된다.
씨씨크림 (C.C. Cream)	메이크업 베이스, 파운데이션, 컨실러의 복합기능성 화장품으로 비비크림보다 커버력은 낮고 수분감이 많다.

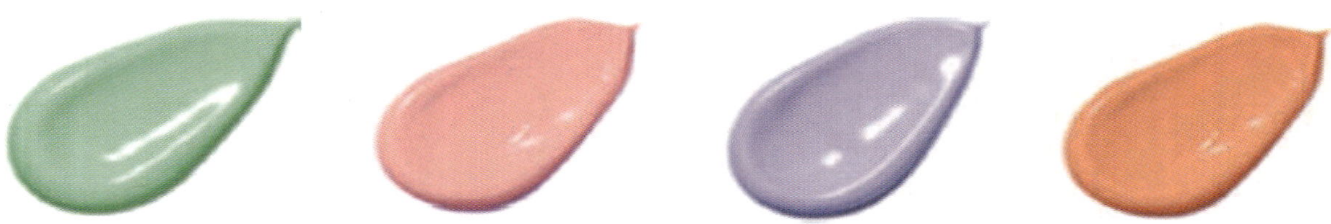

그린 계열 핑크 계열 퍼플 계열 오렌지 계열

[컬러 컨트롤 베이스의 컬러]

2) 파운데이션

파운데이션(Foundation)은 기미, 주근깨, 여드름 자국 등의 피부 결점을 커버하고, 얼굴의 윤곽을 수정하고 입체감을 표현한다. 피부결과 피부톤을 일정하게 정리하여 색조 메이크업이 돋보이도록 한다.

파운데이션 제형의 종류		특징
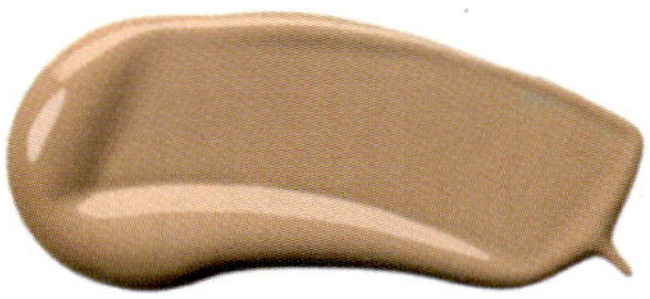	리퀴드 (Liquid)	수분 함량이 높은 파운데이션으로 자연스럽고 촉촉한 피부표현이 가능하다.
	크림 (Cream)	리퀴드 제형에 비해 유분 함량이 높아 건성 피부에 효과적이며, 커버력과 지속력이 좋아 잡티가 있는 피부의 결점을 가리기 좋다.
	스틱 (Stick)	고형 타입으로 커버력과 지속력이 높으며, 무대공연이나 분장의 베이스 메이크업에 사용된다.
	투웨이 케이크 (Two-way Cake)	파우더와 파운데이션을 믹싱하여 압축시켜 커버력, 밀착력, 지속력이 좋다. 휴대가 간편하고, 땀과 물에 강하다.

3) 컨실러

컨실러(Concealer)는 파운데이션으로 미처 보정하지 못한 다크서클, 기미, 주근깨, 여드름 자국, 모세혈관 등의 피부 결점을 커버한다. 피부표현 메이크업 및 색조 메이크업의 수정 시에도 사용하며, 파운데이션 컬러와 거의 비슷한 색을 사용하는 것이 좋다.

컨실러 제형의 종류		특징
	리퀴드 (Liquid)	수분 함량이 높은 파운데이션으로 자연스럽고 촉촉한 피부표현이 가능하다.
	크림 (Cream)	리퀴드 제형에 비해 유분 함량이 높아 건성 피부에 효과적이며, 커버력과 지속력이 좋아 잡티가 있는 피부의 결점을 가리기 좋다.
	스틱 (Stick)	고형 타입으로 커버력과 지속력이 높으며, 무대공연이나 분장의 베이스 메이크업에 사용된다.
	펜슬 (Pencil)	파우더와 파운데이션을 믹싱하여 압축시켜 커버력, 밀착력, 지속력이 좋다. 휴대가 간편하고, 땀과 물에 강하다.

4) 페이스 파우더

페이스 파우더(Face Powder)는 베이스 메이크업의 마무리 단계로 파운데이션의 밀착력과 지속력을 높여주고, 과도한 유분을 제거하는 역할을 한다. 피부 유형에 따라 파우더의 사용량을 조절한다.

지형에 따라 루스 파우더, 압축 파우더, 피니시 파우더 등으로 분류한다.

파우더 제형의 종류		특징
	루스 (Loose)	가루 제형으로 파우더 퍼프나 파우더 브러시를 이용하여 사용한다. 투명하고 자연스러운 피부표현에 적합하며, 파운데이션으로 생긴 유분기를 잡아준다.
	프레스드 (Pressed)	루스 파우더를 압축시켜 고체형으로 케이스에 담은 제품으로 휴대가 간편하여 콤팩트 파우더라고도 한다.
	피니시 (Finish)	펄이 함유되어 얼굴에 입체감을 주거나 화사하게 연출할 때 사용하며, 베이스 메이크업의 마무리용으로 사용한다.

2 피부 유형별 베이스 메이크업 제품

1) 피부색에 따른 베이스 메이크업

(1) 밝은 피부

밝은 피부는 깨끗하고 여성스럽게 보일 수 있으나 지나치면 창백해 보일 수 있으므로 화사해 보이는 베이스 메이크업 제품을 선택하도록 한다.

유형	사용 방법
메이크업 베이스	• 투명한 수분 메이크업 베이스를 사용하여 촉촉하고 깨끗한 피부 상태를 표현하거나, 핑크 계열의 컬러 컨트롤 베이스를 사용하여 화사하게 표현한다.
파운데이션	• 핑크 베이지 계열의 파운데이션 컬러를 선택하여 혈색이 좋아 보이도록 한다.
파우더	• 투명한 페이스 파우더로 깨끗한 피부를 표현하거나, 핑크 계열의 파우더로 창백한 피부를 화사하게 표현한다.

(2) 어두운 피부

건강하고 탄력 있어 보이는 피부지만 자칫 칙칙해 보일 수 있으므로 전체적으로 균일하게 화사해 보이도록 한다.

유형	사용 방법
메이크업 베이스	• 웜톤 계열의 컬러 컨트롤 베이스를 사용하여 자연스러운 혈색을 표현한다.
파운데이션	• 베이지 계열의 파운데이션을 사용하며, 피부톤보다 너무 밝은 컬러를 선택하지 않도록 주의한다.
파우더	• 베이지 계열의 파우더를 사용하여 부드럽게 표현한다.

(3) 노르스름한 피부

아시안 계열의 사람에게 많은 피부로 칙칙해 보일 수 있으므로 밝고 화사해 보이도록 표현한다.

유형	사용 방법
메이크업 베이스	• 노란색의 보색인 연보라 계열이나 핑크 계열의 컬러 컨트롤 베이스를 사용하여 피부를 화사하게 표현한다.
파운데이션	• 핑크 베이지 계열의 색상이 함유된 파운데이션 컬러를 사용하여 노르스름한 피부를 커버하고 화사함을 더한다.
파우더	• 연보라 또는 핑크 계열의 컬러감이 있는 파우더로 칙칙함을 보완한다.

(4) 붉은 피부

여드름 피부, 모세혈관이 확장된 피부, 예민한 피부에서 자주 나타나는 유형으로 보색을 사용하여 붉은기를 완화한다.

유형	사용 방법
메이크업 베이스	• 붉은색의 보색인 그린 계열의 컬러 컨트롤 베이스를 사용하여 얼굴의 붉은기를 완화한다.
파운데이션	• 피부톤보다 너무 밝으면 붉은색이 강조되므로, 피부톤보다 살짝 톤 다운된 베이지 계열의 색상을 선택한다.
파우더	• 베이지 계열의 파우더를 사용하여 붉은기를 잡아준다.

(5) 잡티가 많은 피부

기미, 주근깨, 여드름 자국 등 잡티가 많은 경우, 커버력을 높여 표현한다.

유형	사용 방법
메이크업 베이스	• 각질이 많은 경우 수분 메이크업 베이스를 사용하여 촉촉하게 표현하고, 붉은 기가 많은 경우 그린 계열의 컬러 컨트롤 베이스를 사용한다.
파운데이션	• 피부색과 똑같은 색상의 커버력 있는 파운데이션을 선택하고, 컨실러로 잡티 부위를 보완한다.
파우더	• 컨실러와 파우더를 번갈아 2~3번 도포하여 커버력을 높여 잡티를 가리도록 한다.

2) 피부 질감 표현에 따른 베이스 메이크업

(1) 촉촉한 질감

유·수분이 적절하게 함유된 윤기 있는 피부를 촉촉한 질감(Moist Texture)의 베이스 메이크업이라 하며, 윤광 베이스 메이크업라고도 한다. 피부가 건강해 보이는 특징이 있다.

유형	사용 방법
메이크업 베이스	• 수분 메이크업 베이스로 촉촉하게 피부를 표현한다.
파운데이션	• 리퀴드 파운데이션 또는 크림 타입의 파운데이션을 사용하며, 유·수분감이 표현되도록 한다.
파우더	• 파우더 처리를 하지 않거나 극소량만 가볍게 도포하여 피부 윤기를 살려준다.

(2) 매트한 질감

매트한 질감(Matt Texture)이란 광택이 없고 건조한 느낌으로 피부 표면이 부드럽고 보송보송해 보인다. 색조 메이크업 시 그라데이션(Graduation)이 쉽고 지속력이 좋다.

유형	사용 방법
메이크업 베이스	• 펄감이 없는 메이크업 베이스 또는 프라이머를 사용하여 실키하고 매트하게 표현한다.
파운데이션	• 리퀴드 타입의 파운데이션을 사용하여 유분감이 최대한 적게 표현되도록 한다.
파우더	• 펄이 없는 매트한 루스 파우더를 사용하여 무광택 질감을 표현한다.

(3) 글로시한 질감

글로시한 질감(Glossy Texture)이란 윤기와 광택이 많은 피부로 물광 베이스 메이크업이라고도 부르며, 촉촉하고 투명해보이는 것이 특징이다.

유형	사용 방법
메이크업 베이스	• 수분 메이크업 베이스 또는 펄 메이크업 베이스를 사용하여 촉촉하고 반짝이는 피부 베이스를 표현한다.
파운데이션	• 리퀴드 파운데이션에 페이스 오일을 섞어 촉촉하고 윤기 나게 표현한다.
파우더	• 펄파우더를 사용하여 촉촉하고 글로시하게 표현한다.

(4) 쉬머한 질감

펄감이 많은 쉬머한 질감(Shimmer Texture)으로 펄광 베이스 메이크업이라고도 한다. 펄이 함유된 제품을 사용하며, 특히 하이라이트 부위를 강조한다.

유형	사용 방법
메이크업 베이스	• 펄 메이크업 베이스를 사용하여 미세한 펄감을 부여하고, 피부 표면을 정리한다.
파운데이션	• 리퀴드 파운데이션에 미세한 펄을 섞어 가볍게 바르며, T존과 광대뼈 등 하이라이트 부분을 펄로 강조한다.
파우더	• 펄파우더로 사용하여 화려하게 표현한다.

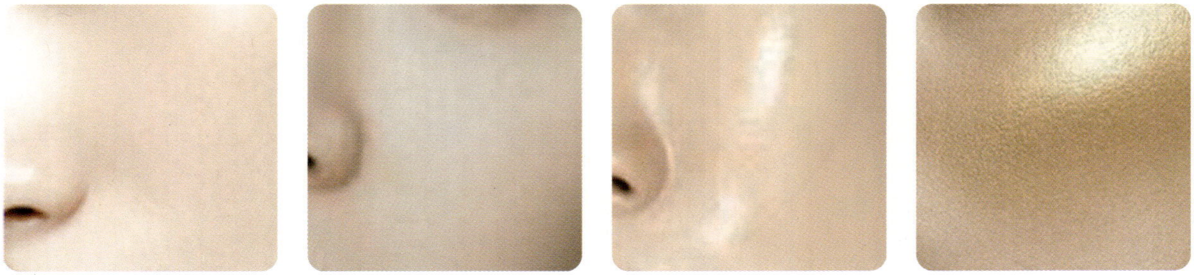

촉촉한 질감 매트한 질감 글로시한 질감 쉬머한 질감

[피부 질감 표현에 따른 베이스 메이크업]

3 얼굴형별 윤곽수정 메이크업

1) 이상적인 얼굴형

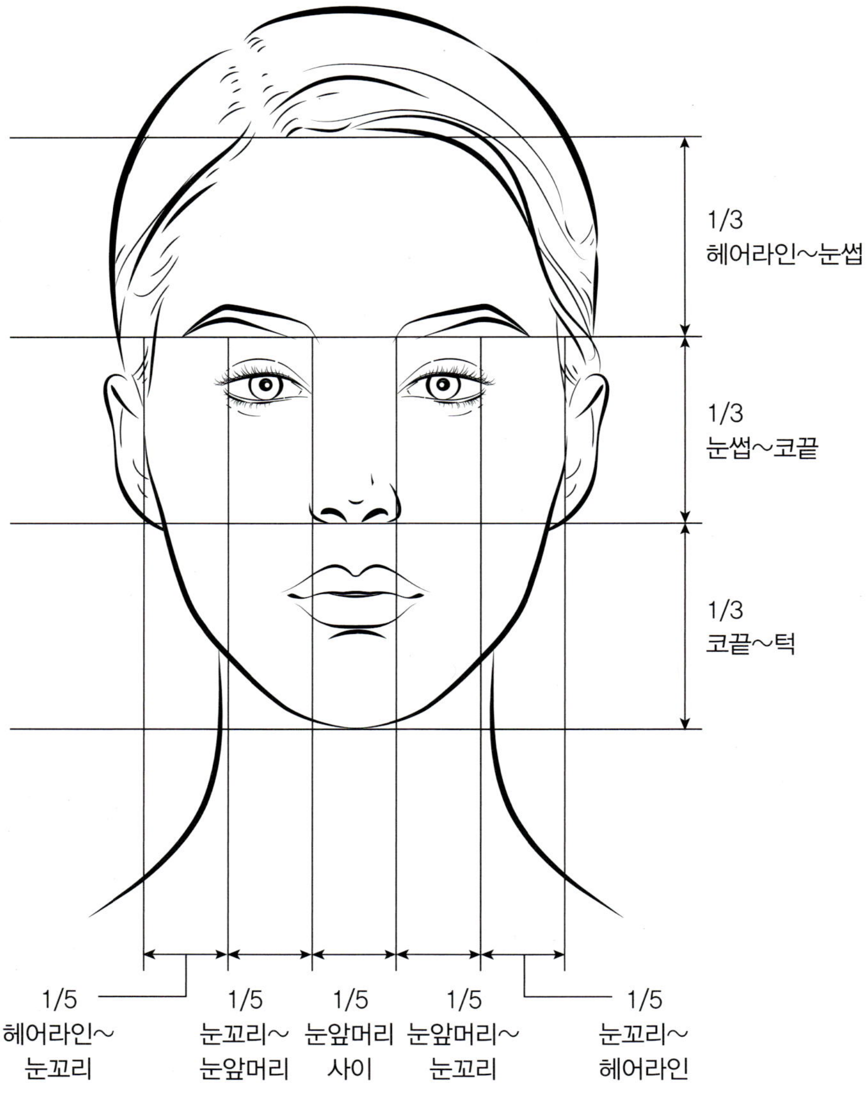

[얼굴의 균형도]

이상적인 얼굴의 균형 (Face Proportion)
메이크업 시 얼굴의 이상적인 비율을 고려하여 얼굴형을 수정하고 보완하는 것이 좋다. 얼굴의 가로 선은 헤어라인에서 눈꼬리, 눈의 길이, 미간 사이, 눈의 길이, 눈꼬리에서 헤어라인의 5등분으로 하며, 세로 선은 헤어라인에서 눈썹, 눈썹에서 코끝, 코끝에서 턱 끝까지 3등분으로 한다.

2) 얼굴형에 따른 윤곽수정 메이크업

윤곽수정 메이크업이란 메이크업 제품의 색과 명암의 차이를 이용하여 얼굴 윤곽을 수정하고, 얼굴에 입체감을 주는 기법이다. 베이스 컬러, 셰이딩 컬러, 하이라이트 컬러를 사용하며, 경계가 생기지 않도록 자연스럽게 그라데이션하여 연결한다. 베이스 메이크업 단계에서 윤곽수정 시에는 파운데이션 또는 컨실러 제품을 주로 사용하고, 색조 메이크업 단계에서 윤곽수정 시에는 하이라이터와 셰이딩 제품을 사용한다.

(1) 윤곽수정 베이스 메이크업의 종류

윤곽수정 베이스 메이크업의 종류		특징
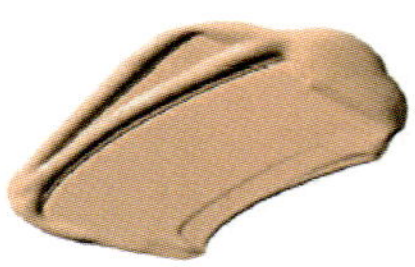	베이스 컬러 (Base)	피부톤에 가까운 자연스러운 색상의 파운데이션으로 얼굴 전체에 도포하여 바른다.
	하이라이트 컬러 (Highlight)	베이스 컬러보다 1~2톤 밝은색으로 T존, 광대뼈 등의 부위를 진출되어 보이게 하거나, 눈 밑을 밝혀주고, 넓어 보이는 효과가 있다.
	셰이딩 컬러 (Shading)	베이스 컬러보다 1~2톤 어두운색으로 각진 이마, 각진 턱 등을 축소되어 보이거나 코 셰이딩과 같이 음영을 표현할 수 있다.

(2) 윤곽수정 색조 메이크업의 종류

윤곽수정 색조 메이크업의 종류		특징
	하이라이터 (Highlighter)	T존, 광대뼈 등 돌출되어 보이거나 광택이 나게 하여 두드러져 보이고자 하는 부위에 반짝이는 질감의 제품을 응용하여 입체적으로 연출한다.
	셰이딩 (Shading)	형태를 수정하는 컨투어링의 목적으로 음영을 만드는 것으로 피부톤보다 어두운 베이지 브라운 계열의 색상을 주로 사용한다. 펄이 들어가지 않은 제품이 추천된다.

(3) 얼굴형에 따른 윤곽수정

얼굴형에 따른 윤곽수정		특징
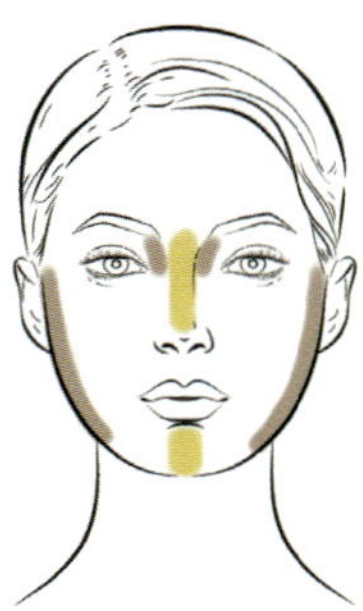	둥근 얼굴형	볼과 턱선이 둥근 형태로 동양인에게 많이 나타나는 얼굴형이다. 귀엽고 어려 보이는 장점이 있으나 평면적이므로 얼굴에 입체감을 주는 것이 좋다. 얼굴이 길어 보이도록 세로선 형태의 하이라이트, 셰이딩 처리를 한다.
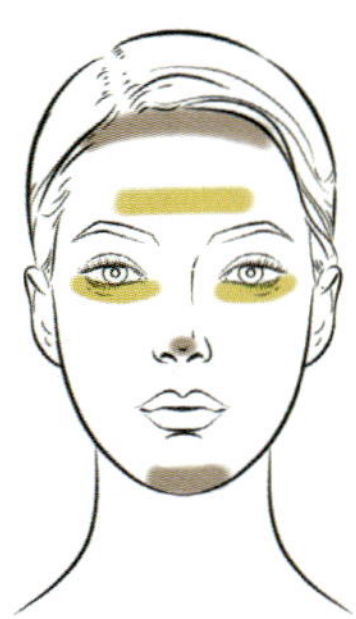	긴 형	얼굴의 가로 폭이 좁고 세로로 긴 얼굴형으로 여성적으로 보이나 나이가 들어 보일 수 있다. 얼굴이 짧아 보이도록 가로선 형태의 하이라이트, 셰이딩 처리를 한다.

얼굴형에 따른 윤곽수정		특징
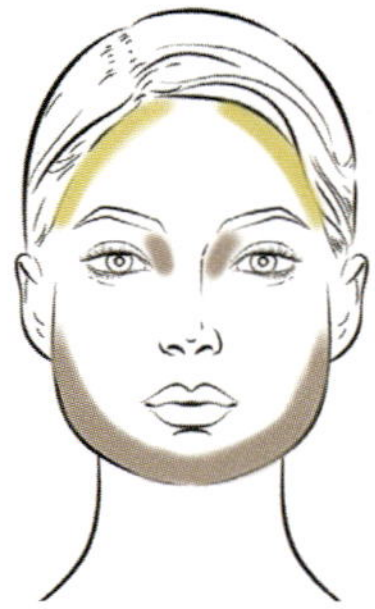	삼각형	이마가 좁고 턱이 넓거나 볼에 살이 많은 얼굴형으로 중년 이후에 많이 나타나며 고집스러워 보일 수 있다. 턱 아래 셰이딩을 처리하여 턱을 좁아 보이게 하고, 이마에 하이라이트를 주어 얼굴형을 수정한다.
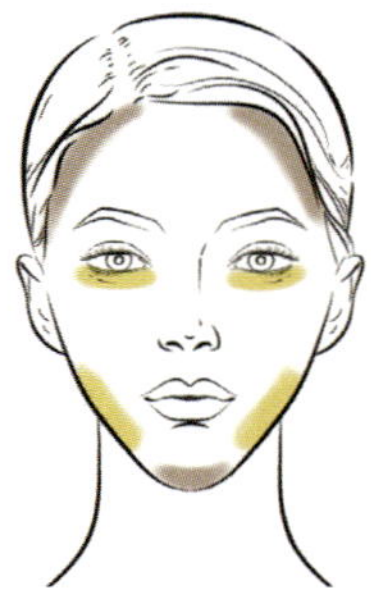	역삼각형	이마가 넓고 턱이 좁은 얼굴형으로 도시적이고 세련되어 보이지만 날카로워 보일 수 있다. 이마 양 끝에 셰이딩을 처리하고, 눈 밑과 볼에 하이라이트를 주어 부드러운 이미지로 수정한다.
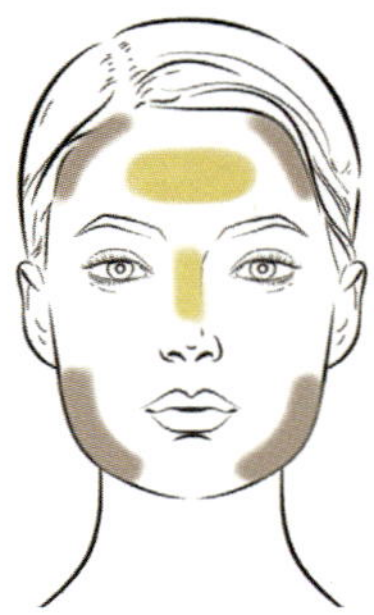	사각형	얼굴 외곽에 각이 있는 얼굴형으로 신뢰감 있어 보이나, 얼굴이 넓어 보이고 강한 인상을 줄 수 있다. 이마 양 끝과 턱 양 끝에 셰이딩을 처리하여 얼굴의 각을 부드럽게 수정하고, 이마와 코에 하이라이트를 표현하여 얼굴이 둥글고 길게 보이도록 수정한다.
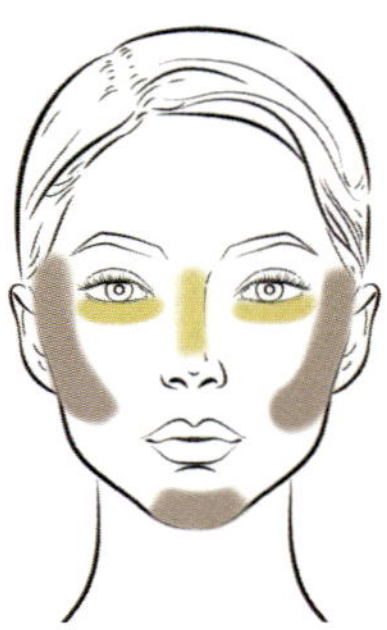	다이아몬드형	이마와 턱이 좁고 광대뼈가 발달하여 강하고 날카로운 이미지를 가지는 얼굴형이다. 광대뼈와 턱 끝 등 두드러지는 부위에 셰이딩을 처리하고, 이마, 눈 밑, 뺨 등의 부위에 하이라이트를 주어 인상을 부드럽게 만든다.

Beauty Make up

03 CHAPTER 포인트 메이크업(색조 메이크업)

색조 메이크업(Point Makeup)은 일반적으로 베이스 메이크업 후 진행되며, 얼굴 부위에 따라 아이브로 메이크업, 아이 메이크업, 치크 메이크업, 립 메이크업으로 분류된다.

1 아이브로 메이크업

눈썹은 얼굴의 이미지를 변화시키는데 가장 큰 영향을 미친다. 눈썹의 형태, 길이, 두께 등을 고려하여 메이크업하는 것을 아이브로 메이크업(Eyebrow Makeup)이라 하며, 아이브로 메이크업 제품은 케이크 타입, 펜슬 타입, 마스카라 타입으로 분류된다.

1) 아이브로 제품

아이브로 제품의 종류		특징
	케이크 타입 (Cake)	가루 타입의 파우더를 압축한 제형으로 사선형의 아이브로 브러시를 사용하여 눈썹모 사이 사이를 메꾸듯 그린다.

아이브로 제품의 종류		특징
	펜슬 타입 (Pencil)	펜슬의 선과 면을 응용하여, 눈썹의 형태를 잡아주거나 속눈썹 모(毛)를 채우듯 그린다.
	마스카라 타입 (Mascara)	내장된 스크류 브러시를 활용하여 눈썹모에 바르는 제품으로 자연스러운 눈썹 형태를 표현할 때 주로 사용한다.

2) 표준형 눈썹

눈썹은 눈보다 길게 그리며, 눈썹산은 눈썹 전체 길이의 3분의 1에 위치하는 것이 좋다. 눈썹 머리는 콧볼(콧방울) 끝의 일직선이 되는 위치에서 시작하며, 눈썹의 꼬리는 콧볼 끝과 눈 끝을 지나는 45도 지점으로 앞머리보다 처지지 않도록 한다. 눈썹은 좌우 균형이 대칭되도록 그리도록 한다.

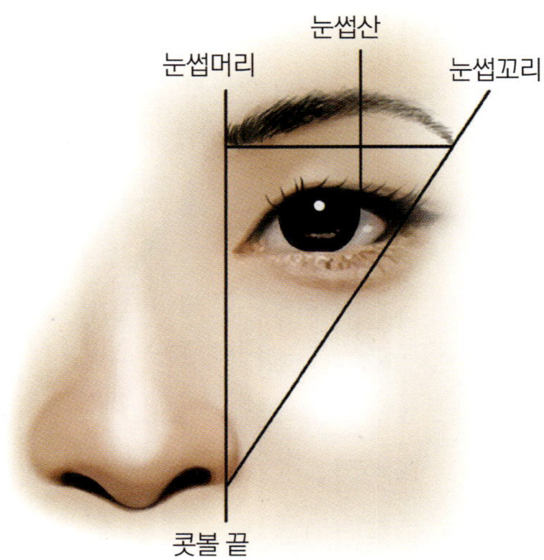

[표준형 눈썹]

3) 아이브로 이미지

아이브로 형태		이미지 특징
	표준형	기본적인 형태의 자연스러운 눈썹으로 눈썹산은 전체 눈썹의 3분의 1지점에 있다. 눈썹 앞머리와 눈썹꼬리가 수평을 이루도록 그린다.
	일자형	수평형의 눈썹은 중성적인 느낌을 준다. 눈썹산이 낮아 긴 얼굴을 짧아 보이게도 하며, 도톰하게 그리면 어려 보이는 효과가 있다.
	아치형	눈썹산이 둥글어 우아하고 여성적인 느낌을 준다. 이마가 넓거나 역삼각형의 얼굴, 각진 턱의 얼굴에 잘 어울린다.
	각진형	단정하고 지적인 느낌을 주며, 눈썹산이 높아 둥근 얼굴이나 삼각형 얼굴 등 짧은 얼굴을 길어 보이게 하는 효과가 있다.
	상승형	활동적이고 개성적인 이미지로 둥근 얼굴이나 각진 얼굴에 적합하다. 상승형 눈썹은 약간 짧게 그려주는 것이 좋다.
	하강형	어려 보이고 귀여운 느낌을 주지만, 지나치게 처지면 우울해 보일 수 있다.

2 아이 메이크업

눈 부위에 메이크업하는 것을 아이 메이크업(Eye Makeup)이라 한다. 색조 메이크업 중 가장 다양한 색감을 사용할 수 있으며, 형태, 질감, 색채의 변화를 통해 다양한 이미지를 표현할 수 있다.

1) 아이섀도

아이섀도(Eyeshadow)는 눈에 색감을 부여하고, 입체감을 주어 눈을 아름답게 표현할 수 있다. 색조 메이크업 제품 중 가장 다양한 색과 질감이 출시되고 있다.

(1) 아이섀도 제품

아이섀도 제품의 종류		특징
	케이크 타입 (Cake)	가장 일반적으로 사용하는 가루를 압축한 타입의 아이섀도 제품으로 다양한 컬러와 질감의 제품이 있다. 밀착력과 발색력이 좋다.
	크림 타입 (Cream)	유분이 함유되어 부드럽게 잘 펴지며 발색과 지속력이 좋다. 손이나 브러시로 바르며, 쌍거풀 부위에 뭉칠 수 있어 유의한다.
	스틱 타입 (Stick)	유분이 많은 스틱 또는 펜슬 타입으로 출시된다. 휴대가 간편하며, 아이섀도, 치크, 아이라이너 등의 멀티 제품으로 사용되기도 한다.

아이섀도 제품의 종류		특징
	파우더 타입 (Powder)	미세한 광채 펄 입자의 아이섀도 제품으로 펄파우더 또는 스타파우더 등으로 불린다. 화려하고 반짝이는 컬러 표현에 사용된다.

(2) 아이섀도 명칭

아이섀도는 눈두덩이 전체에 바르는 베이스 컬러(Base), 중간색인 메인 컬러(Main), 강조색인 포인트 컬러(Point)로 바른다. 눈썹뼈, 눈두덩이 등의 돌출되어 보이는 부위에는 하이라이트를 처리하며, 언더컬러인 눈 밑 부분에는 메인 컬러 또는 포인트 컬러로 연결하여 마무리한다.

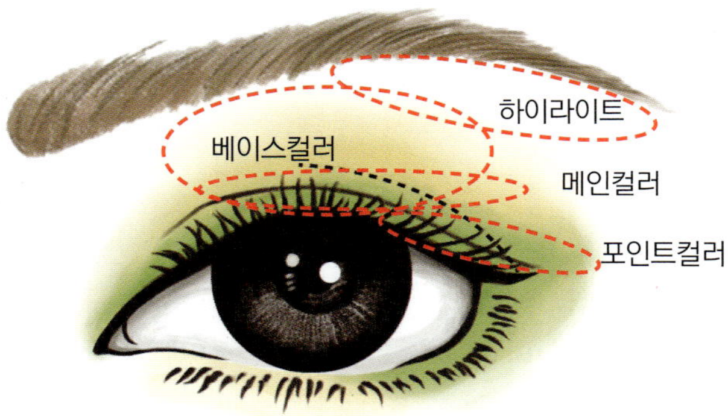

[아이섀도 명칭]

(3) 아이섀도 이미지

아이섀도 형태		이미지 특징
	일직선 포인트	눈의 쌍꺼풀 부분에 일직선으로 포인트를 준다. 내추럴 메이크업, 원포인트 메이크업에서 많이 쓰인다.
	눈 중앙 포인트	동공 윗부분에 포인트를 주어 눈이 크고 둥글게 보인다. 눈이 가늘고 긴 사람에게 잘 어울린다.
	눈 앞머리 포인트	미간이 넓은 사람의 눈 사이를 좁아 보이도록 수정하는 방법이다. 상승형의 눈매를 수정할 때도 응용한다.
	눈꼬리 포인트	눈 사이가 가까운 사람이 미간을 넓게 보이도록 수정하는 방법이다. 눈꼬리가 처진 경우, 올리듯 처리한다.
	아이홀 포인트	눈매가 깊고 그윽해 보이며, 눈이 크게 보인다. 시대 메이크업이나 무대공연 메이크업에서 자주 응용된다.

2) 아이라이너

아이라이너(Eyeliner)는 속눈썹 사이 사이를 메꾸어 그려 눈매를 또렷하게 하고 눈의 형태를 수정하는 목적이 있다. 아이라이너 제품은 펜슬, 리퀴드, 케이크, 젤 타입 등의 제형이 있다.

(1) 아이라이너 제품

아이라이너 제품의 종류		특징
	펜슬 타입 (Pencil)	부드러운 질감으로 자연스러운 아이라인을 그릴 때 사용한다. 블렌딩이 가능하며, 초보자도 쉽게 사용할 수 있다. 눈에 유분이 많은 경우 잘 번지는 단점이 있다.
	리퀴드 타입 (Liquid)	브러시가 내장된 리퀴드 제형으로 방수성과 지속력이 우수하며 또렷한 눈매로 표현할 수 있다. 광택이 있어 강하게 표현되며, 수정이 어렵다는 단점이 있다.
	붓펜 타입 (Brush Pen)	붓펜 형태의 리퀴드 제형으로 선명하고 또렷한 눈매를 표현할 때 사용하며, 광택감이 적고 지속력이 좋다.
	젤 타입 (Gel)	유분감이 많아 부드럽게 그려지며, 즉시 건조되고, 두께, 진하기 정도를 조절하기 쉽다. 뚜껑을 오래 열어두면 마를 수 있으므로 주의한다.
	케이크 타입 (Cake)	물이나 토너로 개어 사용하는 수성 제품으로 또렷한 눈매를 연출할 수 있으나 눈물에 번질 수 있는 단점이 있다.

(2) 아이라이너 이미지

아이라이너 형태		이미지 특징
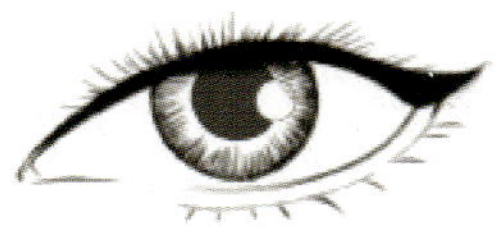	일직선 포인트	속눈썹 사이를 메꾸어 일직선으로 그리는 방법으로 가장 많이 활용된다. 내추럴 메이크업, 원포인트 메이크업에서 많이 쓰인다.
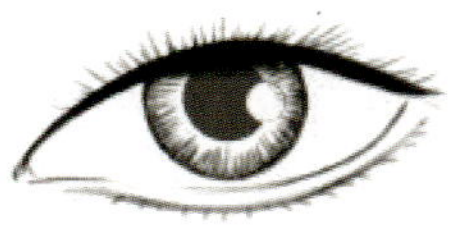	눈 중앙 포인트	동공 윗부분에 포인트를 주면 눈이 크고 둥글게 보인다. 눈이 가늘고 긴 사람에게 잘 어울린다.
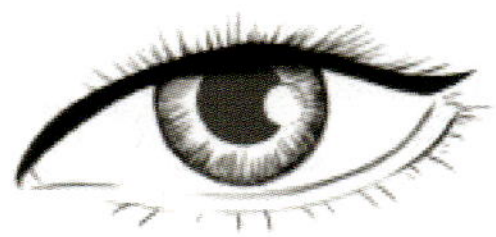	눈앞머리 포인트	미간이 넓은 사람의 눈 사이를 좁아 보이도록 수정하는 방법이다. 눈 앞머리보다 연장하여 그려주어 앞트임 효과를 준다.
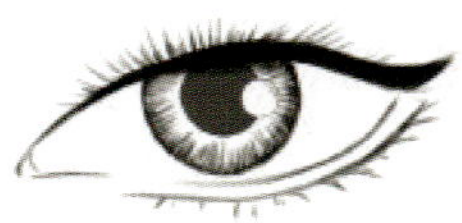	눈꼬리 포인트	눈 사이가 가까운 경우 미간을 넓게 보이도록 수정하는 방법이다. 눈꼬리가 처진 경우, 끝을 치켜 올려 그려준다.

3) 마스카라

마스카라(Mascara)는 속눈썹을 길고 풍성하며 짙게 표현하여 눈을 아름답게 표현하기 위해 사용한다. 눈은 민감한 부위이므로 마스카라는 안전성이 높은 원료로 만들어야 한다. 최근에는 건조가 빠르고 번짐이 적은 워터프루프(Water Proof) 제형의 마스카라가 주를 이룬다.

마스카라 제품의 종류		특징
	볼륨 마스카라 (Volume)	촘촘하고 굵은 통통한 형태의 솔이 내장된 마스카라로 속눈썹의 숱을 풍성하게 보이게 한다.
	컬링 마스카라 (Curling)	마스카라 솔이 얇고 휘어져 있으며 강도가 뛰어난 마스카라 액이 들어있어 속눈썹 뿌리부터 컬을 유지하게 한다.
	롱래시 마스카라 (Long Lash)	나선형 형태의 솔에 섬유소가 들어있는 마스카라 액으로 속눈썹을 길어 보이게 연출할 수 있다.
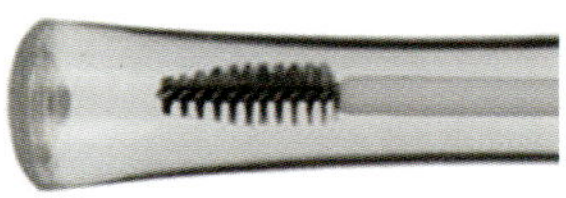	투명 마스카라 (Transparent)	마스카라가 잘 번질 때, 투명한 제형의 마스카라를 덧발라 코팅하듯 바른다. 눈썹의 결을 정리할 때도 사용한다.

4) 인조 속눈썹

인조 속눈썹(False Eyelashes)은 아이 메이크업의 테크닉 중 하나로 속눈썹이 풍성해 보이게 하며, 눈매를 크고 또렷하게 보이게 한다. 메이크업 디자인과 목적에 맞도록 속눈썹 길이, 굵기, 색상, 형태 등을 선택한다.

인조속눈썹 제품의 종류		특징
	일체형 속눈썹 (Strip Lashes)	속눈썹 모가 하나로 이어져 있는 타입으로 사용이 간편하고, 눈이 또렷해 보인다. 눈 앞머리에서 2~3mm 간격을 두고 붙이며, 눈 길이에 맞게 잘라 사용한다. 눈매를 수정하기 위해 사용하기도 한다.
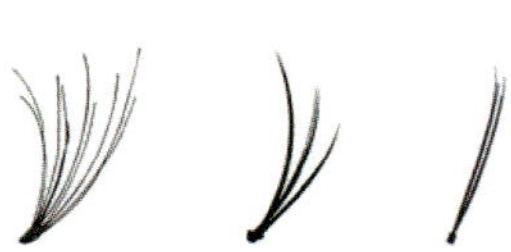	가닥 속눈썹 (Individual Lash)	한 가닥, 또는 두세 가닥씩 한 올을 이루는 형태로 핀셋으로 가닥가닥 붙여준다. 눈을 감았다 뜰 때 당기지 않아 편하고 자연스럽다.

3 치크 메이크업

얼굴에 입체감과 생기를 주기 위하여 얼굴의 중앙에 해당하는 볼 부분에 메이크업하는 것을 치크 메이크업(Cheek Makeup)이라 한다. 얼굴에 붉은 혈색을 주어 건강하게 표현하고, 평면적인 얼굴에 입체감을 준다. 아이 메이크업과 립 메이크업의 색상을 고려하여 자연스럽게 조화시키는 역할을 한다.

1) 치크 메이크업 제품

치크 메이크업 제품의 종류		특징
	케이크 타입 (Cake)	가장 일반적으로 사용하는 가루를 압축한 타입의 제품으로 파우더 사용 후 브러시를 이용하여 바른다.
	크림 타입 (Cream)	유분이 함유되어 부드럽게 잘 펴지며 발색과 지속력이 좋다. 파우더 전에 발라주며, 손이나 스펀지로 그라데이션해준다.
	틴트 타입 (Tint)	묽은 리퀴드 계열의 제품으로 손이나 스펀지를 이용해 빠르게 발라준다. 아이섀도, 립 등의 멀티 제품으로 사용되기도 한다.

2) 치크 메이크업 이미지

치크 메이크업 제품의 종류		특징
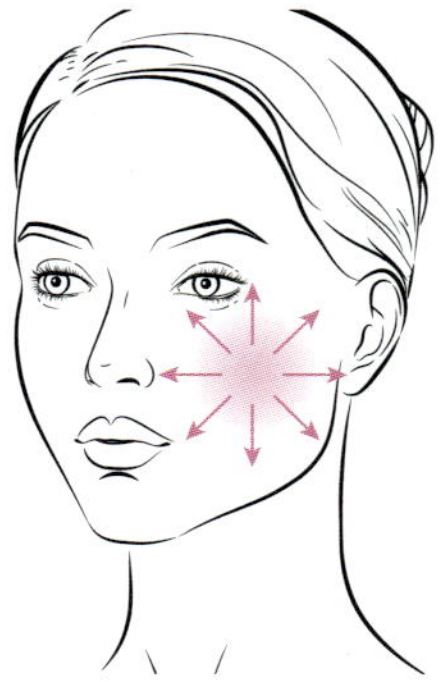	프리티 (Pretty)	볼 중앙에 둥글게 발라 사랑스럽고 귀여운 이미지를 연출한다. 핑크나 코럴, 피치 계열의 부드러운 색이 잘 어울린다.
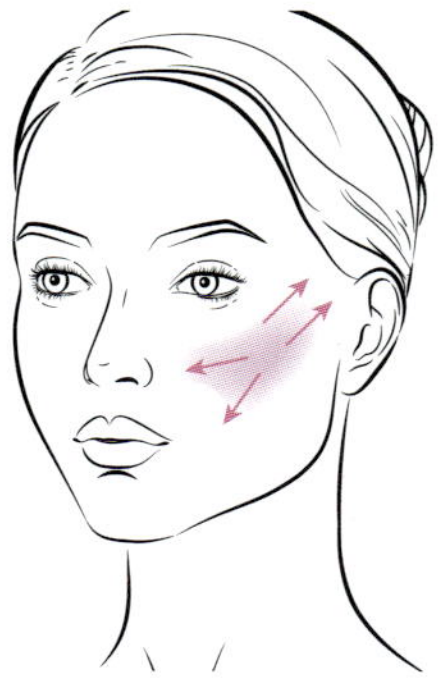	엘레강스 (Elegance)	볼을 감싸듯이 타원형으로 길게 바르면 여성스럽고 자연스러운 혈색을 표현할 수 있다. 피치, 코럴, 로즈골드 계열의 색이 잘 어울린다.
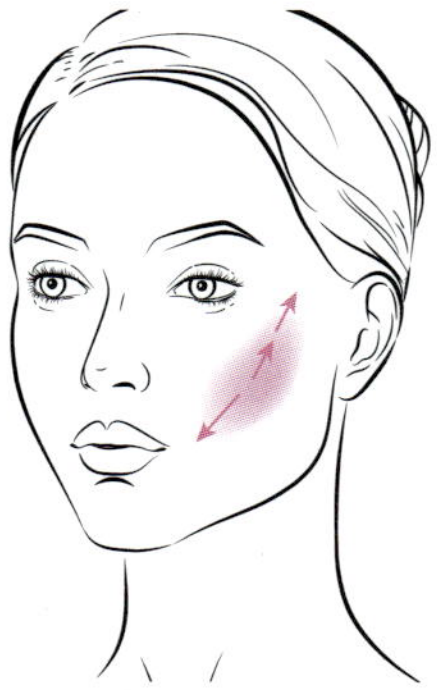	액티브 (Active)	사선 방향으로 직선적인 느낌으로 바르면 활동적인 느낌으로 연출할 수 있다. 태닝 메이크업으로 액티브 이미지가 연출될 때는 오렌지, 피치, 브론즈 계열의 색이 잘 어울린다.

4 립 메이크업

립 메이크업(Lib Makeup)은 주로 입술에 붉은 계열의 컬러를 주로 사용하여 아름답고 화사한 이미지를 표현한다. 입술 형태를 수정하고 입체감을 부여할 수 있으며, 이미지 룩(Look)에 따라 색을 선택한다.

1) 립 메이크업 제품

립메이크업 제품의 종류		특징
	립라이너 (Lip Liner)	펜슬 형태로 입술의 윤곽선을 선명하게 하여 형태를 수정하고, 립 제품이 번지는 것을 막아주는 역할을 한다.
	립스틱 (Lip stick)	가장 대중적인 립 메이크업 제품으로 발색이 좋다. 색과 질감이 다양하며, 지속력이 좋고 사용이 편리하다.
	립글로스 (Lip Gloss)	립스틱보다 오일을 많이 함유하여 입술을 윤기 있고 촉촉하며 볼륨감 있게 표현할 수 있다.
	립틴트 (Lip Tint)	리퀴드 계열의 제품으로 입술에 색소가 스며들며 자연스럽게 착색되어 지속력이 좋다. 건조한 입술에 사용 시 얼룩덜룩해질 수 있으므로 주의한다.

2) 립 메이크업 이미지

립메이크업 형태		이미지 특징
	스트레이트 커브 (Straight-Curve)	입술 중앙부터 구각까지 직선적인 느낌의 립라인으로 이지적이고 현대적이며 활동적인 이미지를 연출한다.
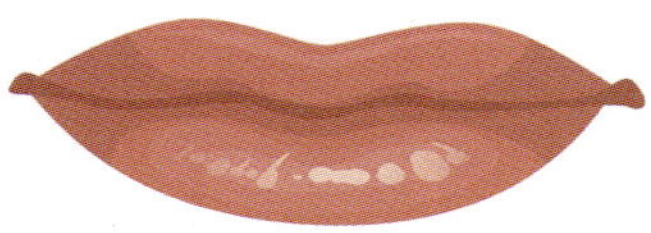	아웃커브 (Out-Curve)	입술 라인보다 1~2mm 바깥쪽으로 크게 그리는 형태로 성숙하고 관능적인 이미지를 연출한다.
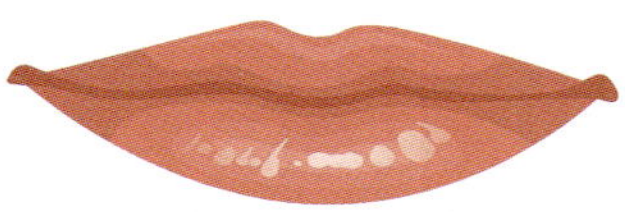	인커브 (In-Curve)	입술 라인 1~2mm 안쪽으로 얇게 그리는 형태로 귀엽고 여성스러운 이미지를 연출한다.

Beauty Make up

CHAPTER 04

이미지 메이크업

메이크업은 패션 이미지 룩(Look) 및 T.P.O 등에 따라 각기 다른 색채, 질감, 형태의 베이스 메이크업과 포인트 메이크업 테크닉이 이루어진다. 얼굴형과 피부 상태, 이미지, T.P.O 등을 고려하여 메이크업을 연출하도록 한다.

1 내추럴 이미지 메이크업

인위적인 느낌이 없이 자연스러운 이미지를 '내추럴 이미지(Natural Image)'라 한다. 라이트 그레이시 톤(Light Grayish), 소프트 톤(Soft Tone) 등 인체가 가진 톤(Tone)과 유사한 색을 활용하여 편안한 느낌을 준다.

피부톤과 유사한 색을 사용한 피부 표현, 베이지, 베이지 브라운, 피치, 코럴 등 자연스러운 색상을 사용하여 포인트 메이크업을 완성한다.

2 로맨틱 이미지 메이크업

여성스럽고 사랑스러운 이미지의 로맨틱 이미지(Romantic)는 자연스러운 피부톤과 색조를 절제한 페일 톤(pale), 화이티시 톤(Whitish), 라이트 톤(Light)의 은은한 펄감의 핑크 계열의 색이 특징이다.

색상은 핑크, 로즈핑크, 코럴, 피치 계열을 컬러를 그라데이션으로 톤의 변화를 주도록 하며, 둥근 형태의 치크가 잘 어울린다.

3 엘레강스 이미지 메이크업

성숙하고 우아한 여성의 이미지인 엘레강스 이미지(Elegance)는 그레이시톤(Grayish), 소프트 톤(Soft) 등의 중명도의 컬러를 주로 사용하고, 소프트 매트한 질감의 섬세하고 은은한 느낌이다.

색상은 퍼플, 핑크, 베이지, 그레이, 골드 브라운, 베이지브라운, 와인 등을 선택하며, 아치형의 아이브로, 타원형의 치크 메이크업과 윤곽을 깔끔하게 정리한 아웃커브의 립 메이크업으로 표현한다.

4 클래식 이미지 메이크업

고전적이고 단아한 이미지의 클래식 이미지(Classic)는 격식 있고 고급 이미지로 표현된다. 덜 톤(Dull), 딥 톤(Deep), 다크 톤(Dark) 등 명도가 낮은 브라운 계열의 색을 사용하며, 깨끗한 피부톤과 컨투어링 메이크업이 잘 어울린다.

색상은 브라운, 베이지, 골드, 와인 계열 등을 선택하여, 눈썹산을 살린 아이브로와 입술 산이 깔끔한 립 메이크업으로 표현한다.

5 모던 이미지 메이크업

모던 이미지(Modern)란 도시적이고 현대적인 이미지로 화이트, 그레이, 블랙 등의 뉴트럴 톤(Neurtral)의 무채색이 자주 활용된다.

스모키 메이크업 또는 아이라인으로 아이 메이크업을 강조하거나 레드 립스틱 등으로 립메이크업을 강조하는 원포인트 메이크업이 자주 활용된다. 눈을 강조할 때에는 누드 톤(Nude)의 입술을 연출하기도 한다.

6 액티브 이미지 메이크업

여름철 태닝 메이크업, 겨울철 스키 메이크업과 같이 적극적이고 활동적인 스포츠 느낌의 이미지를 액티브 이미지(Active)라고 한다. 비비드 톤(Vivid), 라이트 톤(Light) 등 채도가 높은 색이 자주 사용된다.

태닝 메이크업의 경우, 원래 피부톤보다 1~2톤 어둡게 연출하며, 자연스러운 유분과 광택이 표현되도록 한다.

7 소피스트케이트 이미지 메이크업

세련되고 격식을 갖춘 도시적 분위기의 커리어우먼 이미지를 소피스트케이트 이미지(Sophisticated)라 한다. 채도와 명도가 낮은 톤의 그레이시 톤(Grayish), 덜 톤(Dull), 다크 톤(Dark) 배색을 주로 활용한다.

화이트, 그레이, 블랙의 뉴트럴 톤(Neutral)과 어두운 퍼플, 버건디, 와인 계열의 여성적인 색채를 믹싱하면 좋다. 입술에 포인트를 주는 경우가 많으나, 세미 스모키 메이크업 시에는 누디한 입술을 그리기도 한다.

8 매니시 이미지 메이크업

남성복 디자인 또는 남성적인 이미지를 여성 이미지에 적용한 것을 매니시 이미지(Mannish)라 하며, 화이트, 그레이, 블랙의 뉴트럴 톤의 컬러와 브라운, 카키, 네이비 등의 명도가 낮은 딥 톤(Deep), 다크 톤(Dark)의 색상이 자주 사용된다.

남성적인 이미지를 반영하여 눈썹은 두껍고 강하게 그리며, 아이 메이크업 또는 치크, 립 등을 어두운 계열의 컬러로 선택하면 좋다.

9 에스닉 이미지 메이크업

비기독교권의 특정 지역의 의상, 장신구 등에서 영감을 얻은 민속적, 민족적인 이미지를 에스닉 이미지(Ethnic)라 한다.

표현하고자 하는 국가의 인종에 맞추어 피부표현 및 색조 메이크업을 연출하며, 주로 중명도, 중채도의 채도가 높은 비비드톤(Vivid), 딥 톤(Deep)의 색상들이 자주 활용한다. 콘트라스트 배색 또는 세펄이션 배색을 활용하면 효과적이다.

⑩ 아방가르드 이미지 메이크업

아방가르드 이미지(Avant-Garde)란 전위적인 느낌으로 혁신적이고 실험적인 작품 이미지를 의미한다. 틀에 얽매이지 않고 과감한 형태, 질감, 색채를 활용한다.

일반적인 피부톤이 아닌 창백하거나 메탈릭한 피부 표현을 하기도 하고, 비정형적인 형태의 눈썹, 아이라인, 립라인으로 파격적인 표현이 특징이다.

K BEAUTY
MAKEUP
BASIC

PART 04

색채의 이해

K BEAUTY

MAKEUP

BASIC

01 CHAPTER 색채의 이해

1 빛과 색채

색채(Color)는 물체가 빛을 받을 때 빛의 파장에 따라 그 거죽에 나타나는 특유한 빛으로 빛깔이라고도 부른다. 디자인 3요소(형태, 질감, 색채) 중 하나이며, 인간은 빛의 영역 중 370~780nm의 가시광선(可視光線) 영역의 파장만을 색으로 인지한다.

1) 색채 지각의 3요소

광원(태양 또는 인공광원)으로부터 발하는 물리적인 빛은 물체에 닿아 반사, 흡수, 투과, 굴절, 산란, 회절, 간섭 등의 현상을 일으키며, 인간의 시각을 위한 감각기관인 눈을 통해 이러한 빛의 자극을 색으로 지각하게 된다. 인간이 색을 지각하기 위해서는 빛, 물체(대상물), 시각(눈)의 3가지 요건이 필요하며 이를 색채 지각의 3요소라 한다.

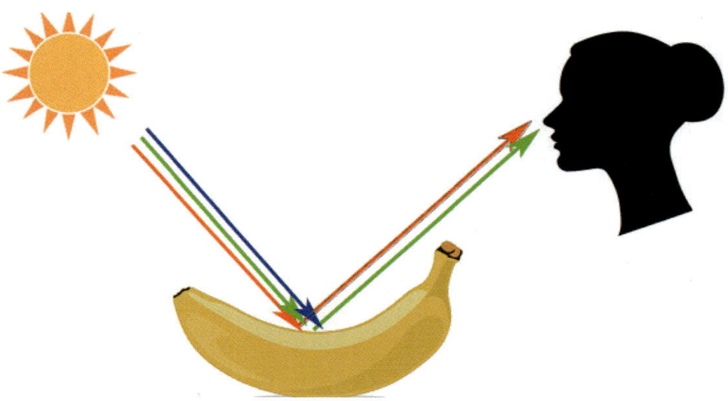

[색채 지각의 3요소]

2) 빛의 이해

빛(Light)은 파동(波動, Wave)의 특징을 가지고 있으며, 파동에서 같은 위상을 가진 서로 이웃한 두 점 사이의 거리를 파장(波長, Wavelength)이라고 한다. 빛은 파장의 길이에 따라 장파장, 중파장, 단파장으로 분류할 수 있으며, 그중 380~780nm(나노미터) 사이의 빛의 영역은 사람이 색으로 보고 지각할 수 있어 가시광선(可視光線, Visible Light)이라 한다.

가시광선은 평소에는 백광(白光, White Light)으로 보이지만, 레드(R), 그린(G), 블루(B) 등으로 분광(分光)되면 스펙트럼(Spectrum)이라는 색의 띠로 보인다.

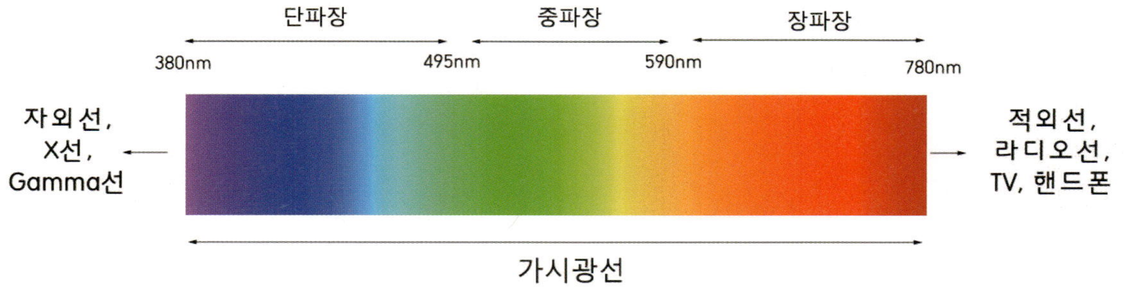

[가시광선의 스펙트럼]

2 색의 분류

1) 무채색

색상과 채도는 느낄 수 없고, 명도의 차이만 있는 색을 무채색(無彩色, Achromatic Color)이라 한다. 흰색, 회색, 검정색의 밝은 정도를 감각적으로 분류하여 색을 구분하며, 등간격으로 구분하여 밝기의 척도로 삼기도 한다.

2) 유채색

무채색을 제외한 모든 색상이 있는 색을 유채색(有彩色, Chromatic Color)이라 한다. 색상, 명도, 채도의 색의 3요소에 의해 색을 구분한다. 무채색에 가까워도 색상과 채도가 느껴진다면 유채색에 해당한다.

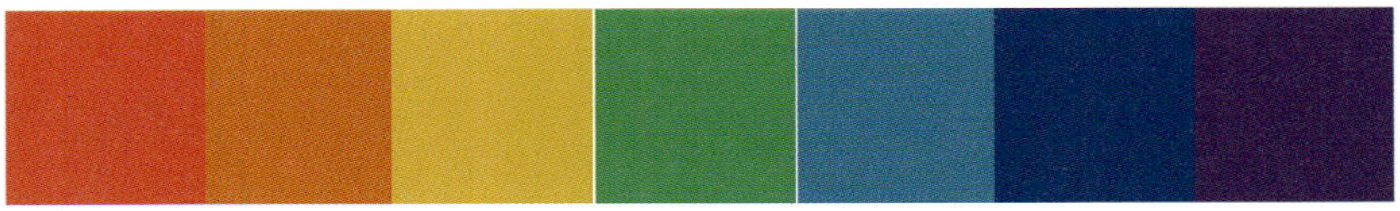

3 색의 3속성

1) 색상

색상(色相, Hue)은 유채색만이 가지는 색의 고유한 성질로 빛의 파장과 성질에 따라 빨강, 주황, 노랑, 초록, 파랑, 보라, 자주 등으로 구분된다.

색상을 스펙트럼 순서로 둥그렇게 고리 모양의 도표로 배열해놓은 것을 색상환이라 하며, 색상환(色相環, Hue Circle)에서 놓인 위치에 따라 동일색, 유사색, 반대색, 보색(補色, Complementary Color) 등의 관계가 형성된다.

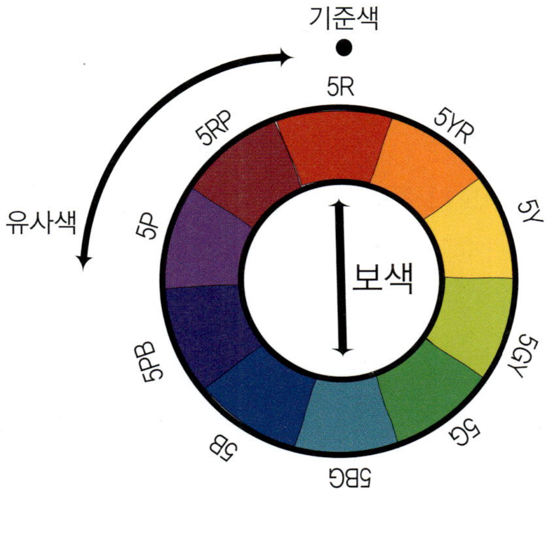

2) 명도

명도(明度, Value)란 색의 밝고 어두운 정도를 말한다. 명도는 무채색과 유채색 모두 분류할 수 있으며, 밝을수록 고명도(高明度), 어두울수록 저명도(低明度)라 한다.

어둠만 존재하는 완전한 검정(빛을 모두 흡수)을 0, 빛만 존재하는 완전한 흰색(빛을 모두 반사)을 10으로 기준을 정하나, 인간은 완전한 검정과 흰색을 만들 수 없다. 만들 수 있는 이상적인 검정을 KS 한국표준색체계에서는 N1.5라고 표현하며, 흰색은 N9.5로 하여 명도를 10단계로 표기한다.

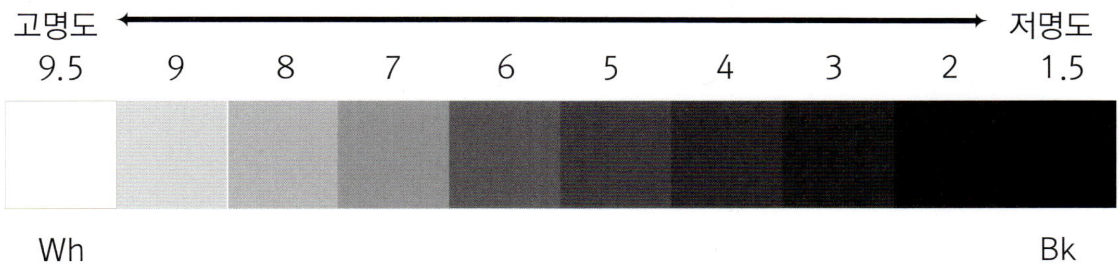

3) 채도

채도(彩度, Chroma)는 색의 맑고 탁한 정도를 의미하는 것으로 선명한 정도에 따라 고채도, 중채도, 저채도로 분류한다. 채도가 높아 순색에 가까울수록 고채도이며, 색이 혼합되거나 흰색, 검정 등 무채색이 섞일수록 색이 탁해져 저채도라 한다.

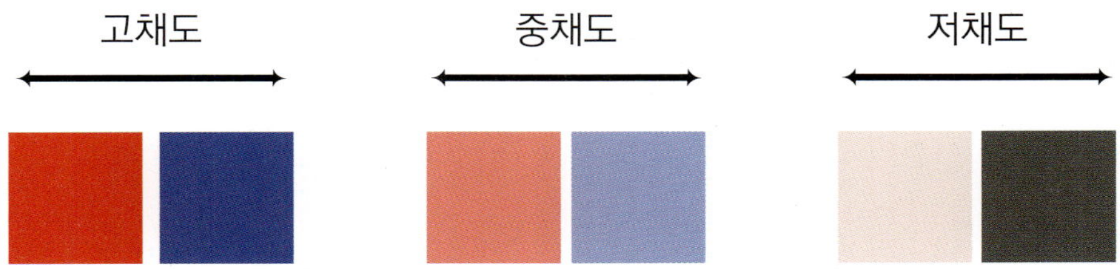

4 톤의 이해

한국산업규격(KS)에서는 색을 톤(Tone)과 색상명으로 표기하여 사용할 수 있다. 색상은 빨강, 주황, 노랑과 같은 15개의 색상을 기본색명으로 지정하였으며, 톤의 유형은 기준색을 포함한 유채색 계열의 13가지의 색조와 무채색 1개 색조로 분류하였다.

톤(Tone)은 색조(色調)라고도 부르며, 색의 3속성 중 명도와 채도의 복합 개념이며, 각 톤 명은 소문자로 표기하고, 약자로 줄여(soft=sf) 표기할 수 있다.

KS 톤(Tone)의 분류에서 가장 고채도의 톤을 비비드 톤(vv), 가장 고명도의 톤을 화이티시 톤(wh), 가장 저명도의 톤을 블랙키시 톤(bk)이다.

무채색은 뉴트럴 톤(Neutral)이라고도 부르며, 10단계로 분류한다. 무채색은 N1.5, N5 등 뉴트럴 톤의 첫 글자인 'N'을 대문자로 함께 사용하며, 가장 밝은 흰색은 N9.5, 가장 어두운 검정색은 N1.5로 표기한다.

색상과 톤명(名)

KS 색체계에서는 색상 명을 대문자로 표기하고, 톤 명은 소문자로 표기한다.
〈ex〉

Wh = White, 흰색(색상), N9.5	wh = whitish, 흰(톤)
Bk = Black, 검정(색상), N1.5	bk = blackish, 검은(톤)

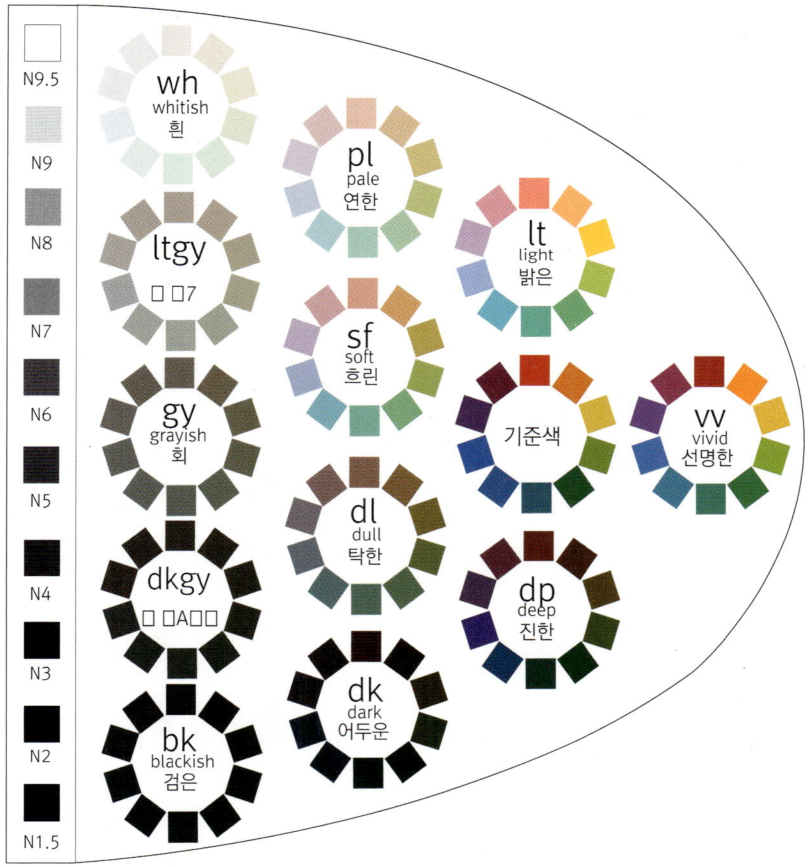

빨강	주황	노랑	연두	초록	청록	파랑	남색	보라	자주	분홍	갈색	흰색	회색	검정
7.5R 4/14	2.5YR 6/14	5Y 8.5/12	7.5GY 7/10	2.5G 4/10	10BG 3/8	2.5B 4/10	7.5PB 2/6	5P 3/10	7.5RP 3/10	10RP 7/8	5YR 4/8	N9.5	N5	N1.5

1) 비비드 톤

비비드 톤(vivid, vv)은 KS톤에서 가장 고채도의 선명한 색으로 활동적인 이미지가 특징이다. 액티브하고 다이내믹한 이미지에 어울린다.

2) 라이트 톤

라이트 톤(light, lt)은 순색에 소량의 흰색이 혼합된 밝고 채도가 높은 색으로 젊고 발랄한 캐주얼 이미지에 적합하며, 봄에 자주 보이는 색조이다.

3) 딥 톤

딥 톤(deep, dp)은 비비드 톤이 약간 어두워진 톤으로 고채도의 강하고 진한 색이 특징이다. 클래식한 이미지에 잘 어울리며, 가을 계절에 자주 보이는 색조이다.

4) 페일 톤

페일 톤(pale, pl)이란 순색에 6배의 흰색이 섞인 파스텔 계열의 색상으로 여성스럽고 로맨틱한 이미지에 어울린다. 봄과 여름 계절에 자주 응용되는 색이다.

5) 소프트 톤

소프트 톤(soft, sf)은 중명도·중채도의 수수한 이미지로 편안하고 내추럴한 이미지를 표현할 때 자주 응용한다.

6) 덜 톤

덜 톤(dull, dl)은 순색에 회색을 가미하여 만든 색으로 차분하고 고상한 이미지에 활용된다. 가을 계절에 잘 어울리는 색이다.

7) 화이티시 톤

화이티시 톤(whitish, wh)은 비비드 톤에 다량의 흰색을 섞어 만든 색으로 KS톤 중 가장 고명도의 밝은색이다. 무채색에 가까운 저채도의 색조이며, 로맨틱한 이미지와 유아복 이미지가 있다.

8) 라이트 그레이시 톤

라이트 그레이시 톤(light grayish, ltgy)은 '밝은 회'의 색조라는 뜻으로 밝은 회색에 색상을 섞어 만든 색이다. 차분하고 성숙한 이미지에 어울린다.

9) 그레이시 톤

그레이시 톤(grayish, gy)은 회색에 색상이 가미된 톤으로 중명도, 저채도의 색이다. 차분하고 정적이며, 도시적이고 이지적인 이미지에 어울린다.

10) 다크 그레이시 톤

다크 그레이시 톤(dark grayish, dkgy)은 검정에 가까운 저명도의 회색기가 감도는 색으로 중후하고 남성적인 이미지를 가진다.

11) 다크 톤

다크 톤(dark, dk)이란 어둡고 무거운 색조로 클래식, 모던, 매니시 이미지 등 어두운 색이 필요한 이미지에 어울린다.

12) 블래키시 톤

블랙키시 톤(blackish, bk)이란 KS 톤에서 가장 저명도·저채도의 색으로 검정에 가까운 무게감이 느껴지는 톤이다.

5 색채 이미지

1) 색상의 연상과 이미지

연상(聯想)이란 하나의 관념이 다른 관념을 불러일으키는 현상이다. 색상에 따라 구체적인 대상을 떠올리는 구체적 연상과 추상적인 관념을 떠올리는 추상적 연상 작용이 일어난다.

색상		색의 연상		색의 이미지
	빨강 (Red)	구체적	불, 피, 태양, 장미	세련되고 관능적인 이미지로 연출할 수 있으며, 강렬한 느낌을 연출할 수 있다.
		추상적	위험, 열정, 욕구, 분노	

색상		색의 연상		색의 이미지
	주황 (Yellow Red)	구체적	오렌지, 귤, 감, 호박	연한 컬러는 사랑스러운 이미지, 진한 컬러는 젊고 건강해 보이는 이미지이다.
		추상적	적극, 희열, 건강, 식욕	
	노랑 (Yellow)	구체적	레몬, 바나나, 병아리	봄의 대표적인 색상으로 귀엽고 사랑스러우며 산뜻한 이미지를 가진다.
		추상적	경고, 유쾌, 희망, 질투	
	초록 (Green)	구체적	나뭇잎, 잔디, 완두콩	봄에 어울리는 색상으로 생동감과 산뜻한 느낌을 연출할 수 있다.
		추상적	평화, 고요, 안전, 신선함	
	파랑 (Blue)	구체적	하늘, 호수, 바다, 수국	시원한 느낌으로 대표적인 여름 색상이며, 모던 이미지의 포인트 컬러로 사용된다.
		추상적	차가움, 우울, 냉정, 추위	
	보라 (Purple)	구체적	포도, 라벤더, 라일락	우아한 성숙한 여성의 이미지이며, 진한 보라는 관능적인 이미지를 연출할 수 있다.
		추상적	고귀, 우아, 신비, 외로움	
	분홍 (Pink)	구체적	복숭아, 벚꽃, 립스틱	연한 분홍은 청순하고 사랑스러운 이미지, 진한 핑크는 생동감 있는 이미지이다.
		추상적	애정, 사랑, 달콤함	
	갈색 (Brown)	구체적	나무, 흙, 초콜릿	가을을 대표하는 색상으로 성숙하고 차분하며, 지적이고 세련된 이미지이다.
		추상적	자연스러운, 고전, 풍요	

색상		색의 연상		색의 이미지
	흰색 (White)	구체적	눈, 설탕, 솜, 백합	화이트는 깨끗하고 투명한 이미지를 표현하며, 여름에 자주 사용된다.
		추상적	청결, 순수, 순결, 밝음	
	회색 (Gray)	구체적	바위, 먼지, 안개, 재	회색은 모던한 느낌의 색상으로 명도에 따라 느낌이 조금씩 다를 수 있다.
		추상적	우울, 중성, 소극적	
	검정 (Black)	구체적	연탄, 까마귀, 밤, 타이어	검정은 시크하고 선명한 이미지로 모던 이미지, 매니시 이미지의 대표 컬러이다.
		추상적	죽음, 허무, 절망, 정지	

2) 색채의 감정 이미지

배색		배색
	온도감	빨강, 주황, 노랑 등의 따뜻하게 느껴지는 색을 난색이라 하고, 파랑, 하늘색 등의 차갑게 느껴지는 색을 한색이라 한다. 온도감은 색의 3속성 중 색상의 영향을 가장 많이 받는다.
	흥분색과 진정색	붉은색 계열의 난색은 활기찬 기분을 느끼게 하고 흥분시키는 반면, 푸른색 계열의 한색은 차분하게 보인다.
	중량감	상대적으로 고명도의 밝은색은 가벼워 보이고, 저명도의 어두운 색은 무거워 보인다. 중량감은 색의 3속성 중 명도의 영향을 가장 많이 받는다.

배색		배색
	경연감	경연감이란 딱딱하고 부드럽게 느껴지는 감정이다. 고명도·저채도의 색은 부드럽게 느껴지고, 저명도·저채도의 색은 딱딱하게 느껴진다.
	팽창색과 수축색	같은 크기라도 고명도의 밝은색은 커 보이고, 저명도의 어두운색들은 더 작게 보인다. 고명도, 고채도, 유채색의 색이 저명도, 저채도, 무채색보다 팽창되어 보인다.
	진출색과 후퇴색	팽창색과 진출색, 수축색과 후퇴색은 유사한 성향을 가진다. 난색, 밝은색, 유채색의 색은 한색과 어두운색, 무채색보다 앞으로 진출하여 보이는 느낌을 준다.
	주목성	눈에 잘 띄어 주목받는 색의 성질을 주목성이라 한다. 무채색보다는 유채색, 저채도보다는 고채도, 한색보다는 난색이 주목성이 크며, 신호등, 위험표지판 등에 활용된다.
	명시성	색이 명확하게 잘 모이는 정도를 명시성이라 한다. 색의 명도차가 크면 명시성이 높아지며, 가장 명시성이 높은 배색은 검정색과 노란색의 배색이다.

3) 색채 이미지 스케일

이미지 스케일(Image Scale)이란 '정적인-동적인', '부드러운-딱딱한' 등의 기준을 축으로 만든 공간에 이미지에 따른 언어와 단색, 배색을 배치한 것이다. 미국의 심리학자 '찰스 오스굿(Charles Egerton Osgood)'에 의해 고안된 색채 이미지 평가 방법인 SD법으로 한국인의 색채 감성을 조사하여 배치한 것을 'I.R.I 이미지 스케일'이라 한다.

형용사 언어를 배치하여 만든 이미지 스케일을 '형용사 이미지 스케일', 단색으로 구성한 것을 '단색 이미지 스케일', 배색으로 구성한 것을 '배색 이미지 스케일'이라 한다.

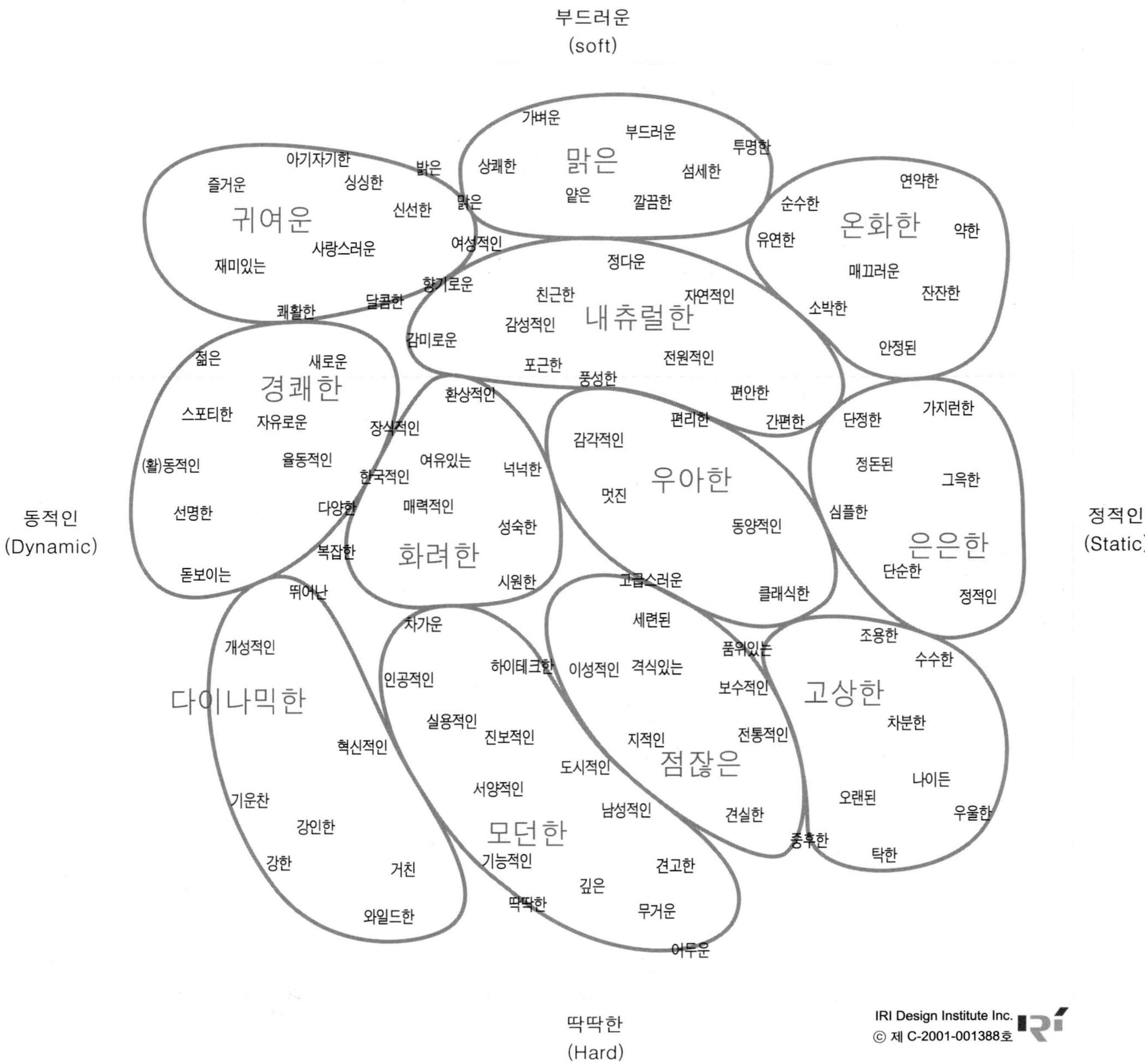

[I.R.I 형용사 이미지 스케일]

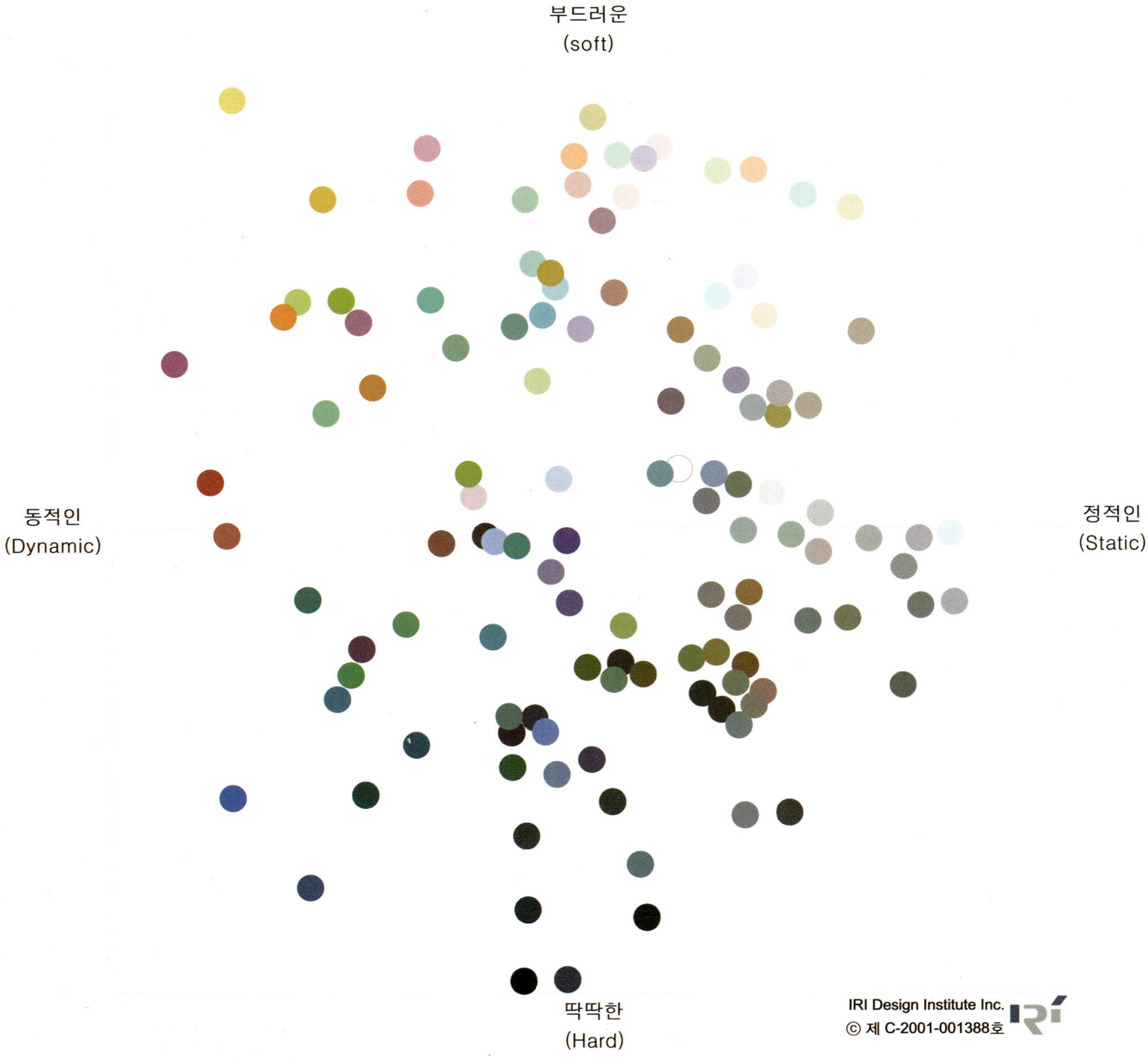

[I.R.I 단색 이미지 스케일]

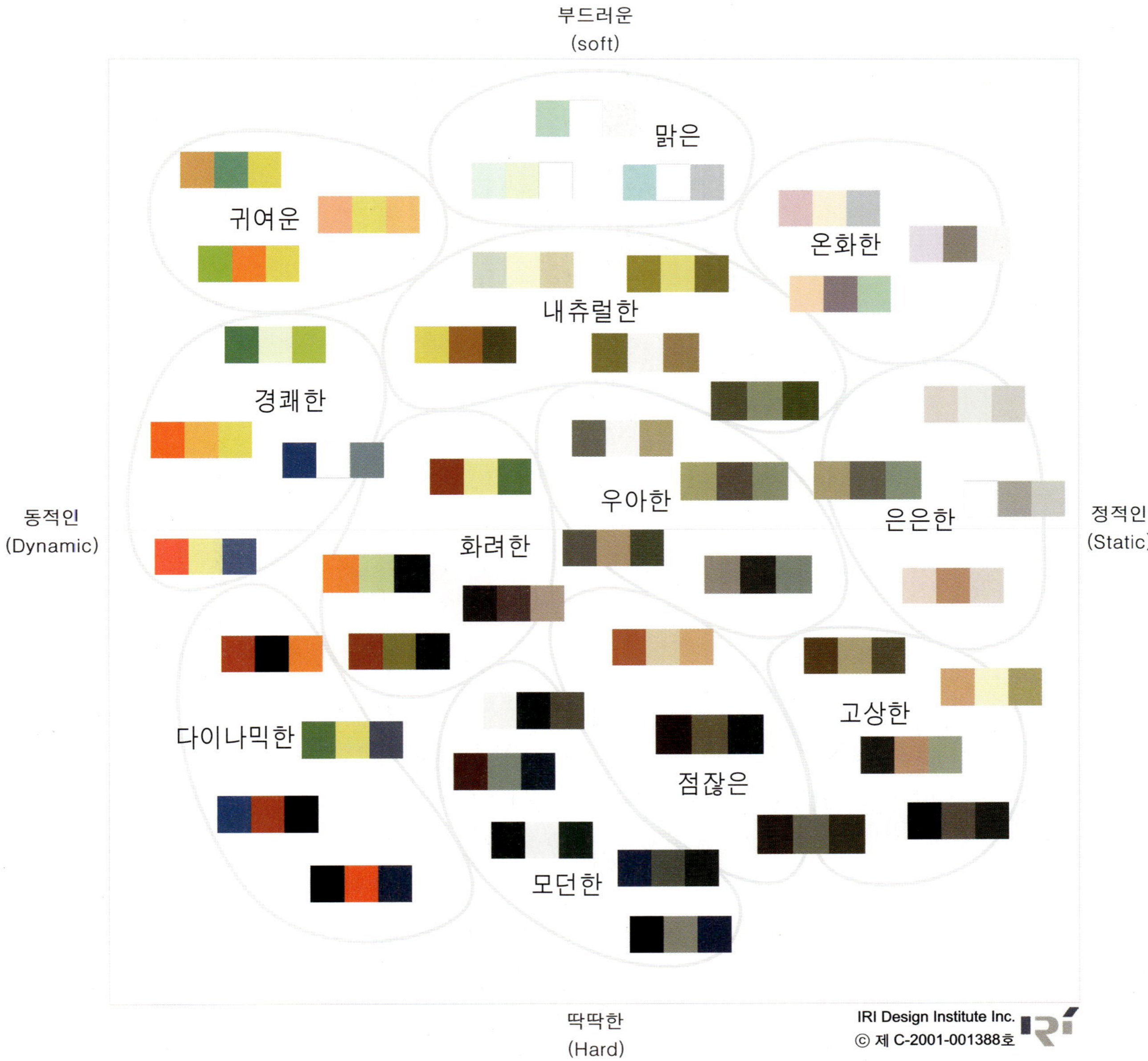

[I.R.I 배색 이미지 스케일]

6 배색 이미지

배색(配色)은 두 가지 이상의 색상을 잘 어울리도록 배치하는 것이다. 색상, 명도, 채도, 톤의 배치에 따라 다양한 배색 기법이 있으며, 각 배색은 여성스럽거나 남성스러운 이미지, 강하고 부드러운 이미지 등을 표현할 수 있다.

1) 그라데이션 배색

그라데이션 배색(Gradation)이란 '점진적인 배색'의 의미로, 3색 이상의 색이 색상, 명도, 채도 또는 톤의 일정한 변화를 통해 단계적으로 배색하는 것이다.

2) 멀티컬러 배색

멀티컬러 배색(Multi-Color)이란 고채도의 다양한 색상을 활용하는 '다색상 배색'으로 리듬감 있는 액티브한 느낌을 주고, 귀여움, 화려함을 표현할 수 있다.

3) 악센트 배색

악센트 배색(Accent)이란 '강조 배색'의 의미로, 강조색을 좁은 부위에 사용하여 돋보이게 하는 것이 특징이다.

4) 세퍼레이션

세퍼레이션 배색(Separation)이란 '분리 배색'의 의미로, 대립하는 두 색 사이에 무채색, 금색 등을 넣어 조화를 이루는 배색이다.

5) 콘트라스트

콘트라스트 배색(Contrast)이란 '보색 배색'이라는 의미로, 보색에 가까운 색의 조합으로 화려하고 활기찬 느낌의 배색이다.

6) 톤온톤 배색

톤온톤 배색(Tone on Tone)이란 톤 위에 톤을 겹쳐 배색한다는 의미로 '동일 색상 배색', 즉 톤이 다른 동일 색상을 선택하여 배색하는 것이다.

7) 톤인톤 배색

톤인톤 배색(Tone in Tone)이란 같은 톤 안에 포함된 색상끼리의 배색이란 의미로 '동일 톤 배색' 즉 같거나 유사한 톤 안에서 색상의 차이를 주는 배색이다. 온화하고 부드러운 느낌을 준다.

8) 비콜로 배색

비콜로 배색(Bicolore)이란 프랑스어로 '2색 배색'이라는 의미로 주로 무채색과 비비드 톤의 분명한 대비 효과를 주는 경우가 많다. 스위스, 중국, 일본, 터키 등 국가의 국기(國旗, National Flag) 등에서 2가지 색으로 자주 활용되는 배색을 말한다.

9) 트리콜로

트리콜로 배색(Tricolore)이란 프랑스어로 '3색 배색'이라는 의미로 프랑스, 독일, 러시아, 콜롬비아 등 국가의 국기와 같이 비비드 톤(Vivid) 또는 무채색을 함께 배색하는 경우가 많다.

10) 레페티션 배색

레페티션 배색(Repetition)이란 '반복 배색'의 의미로, 2색 이상의 색채를 반복하여 표현하는 배색을 말한다. 스트라이프 무늬(Stripe)이나 체크 무늬(Check)에서 자주 보인다.

11) 토널 배색

토널 배색(Tonal)이란 색채학자 파버 비렌의 색삼각형 이론에서 나온 말로 중명도, 중채도의 색상끼리의 배색을 의미한다. 덜 톤(Dull), 소프트 톤(Soft) 등을 사용하여 수수한 이미지가 특징이다.

PART 05

미디어 메이크업

K BEAUTY

MAKEUP

BASIC

Beauty Make up

01 CHAPTER 미디어(Media) 개념과 유형

1 미디어의 개념

미디어란, '정보를 전달하는 매체(媒體)'를 말하는 것으로 우편, 전보, 신문, 잡지 등이 해당된다(정보통신 용어사전).

최근에는 텔레비전, 신문, 잡지 외, You Tube, SNS 등의 새로운 미디어가 등장하여 정보와 지식, 문화 예술 콘텐츠 제작 및 공유 및 쌍방향 소통 방식에 급격한 변화가 이루어지고 있다. 미디어 관련 용어로는 방송 미디어, 매스(Mass)미디어, 멀티(Multi)미디어, 디지털(Digital)미디어, 소셜(Social) 미디어 등이 있다.

[소셜미디어]

2 미디어의 유형 분류

'미디어 메이크업'을 하기 위해서는 가장 먼저 각 미디어 유형을 이해하고 메이크업 유형을 알아야 한다.

미디어 유형으로는 '영상 미디어(TV, Film, CF, You Tube)', '인쇄 미디어(잡지, 포스터, 룩 북, 카달로그(catalog)', '무대 미디어(공연, 연극, 뮤지컬, 오페라, 마당놀이, 패션쇼)'가 있다.

메이크업 유형 분류는 크게 다음 3개이며 미디어 유형별 메이크업 구분은 아래와 같다.

1) 미디어 유형

(1) 인쇄 매체: 신문, 잡지, 전단지, 브로셔, 카달로그

[잡지]

(2) 영상 매체(전파, 시청각 매체): TV, 영화, CF,

[CF]

(3) 무대: 연극, 뮤지컬, 오페라, 공연 ,창극, 패션쇼, 발표회 등

[패션쇼]

(4) 뉴 미디어: You Tube, 모바일, 위성, 인터넷, UCC, SNS

[SNS]

2) 미디어 메이크업의 유형

(1) 뷰티(Beauty) 메이크업: 결혼식 신부, 패션 화보, 광고 메이크업, 증명 사진, 면접 메이크업 등

[뷰티 메이크업]

(2) 캐릭터(Character) 메이크업: 드라마 분장, 연극 분장, 노역 분장, 상처 분장, 사극 분장, 특수효과 메이크업 등

[케릭터 메이크업]

(3) 아트(Art) 메이크업: 뷰티 아트, 패션 아트, 환타지, 바디페인팅 등

[아트 메이크업]

Beauty Make up

CHAPTER 02

영상 미디어에 대한 이해

영상 미디어 메이크업을 하기 위해서는 가장 먼저 영상 매체에 대한 이해와 작업 현장, 작업 프로세스, 출연자나 연기자의 역할에 따른 메이크업 디자인, 재료 준비를 한 다음 촬영장 분위기나 여건을 고려하고 조명, 카메라 앵글, 콘티와 콘셉트를 살펴봐야 한다.

1 방송 편성

방송 편성(編成)이란 방송을 기획하고 배열하는 작업을 말한다.

2 방송 프로그램

1) 프로그램의 장르별 유형(대한민국 방송법 제 1장 제 2조)

방송 프로그램이란, 방송 편성의 단위가 되는 방송 내용물을 말하며, 프로그램의 목적과 제작 기법을 기준으로 분류가 가능하며 다음과 같다.

- 방송 목적에 따른 분류 - 보도와 교양, 드라마, 연예, 오락 프로그램

(1) 보도 프로그램 : 보도, 해설, 논평

뉴스, 다큐멘터리, 스포츠 중계 등 즉시성이 강한 것이나 뉴스에 관한 기록물

[뉴스]

(2) 교양 프로그램 : 농어촌 프로그램, 종교, 건강, 식생활 취미 프로그램

지적 교양을 높이고 생활을 풍부하게 할 목적으로 만들어진 것

(3) 교육 프로그램 : 퀴즈, 어린이 프로그램

학교 교육의 일환으로 혹은 독학으로 공부하는 사람을 위해 커리큘럼을 만들고 방송하는 것

(4) 연예, 오락 프로그램 : 버라이어티 쇼, 코미디 쇼, 토크 쇼, 리얼리티 쇼

전통 예능의 드라마, 음악 등 가정에 오락을 제공할 목적으로 만들어지는 것

[코미디 쇼]

(5) 드라마 : 일정한 극의 흐름에 따른 이야기를 중심으로 연기자가 등장하여 각자의 역할과 배역에 맞게 극을 이끌어간다.

(6) 음악 프로그램 : 대중 가요, 트로트 경연, 클래식, 국악

[클래식]

(7) 스포츠 프로그램 : 현장 생중계, 인터뷰, 스포츠 교실, 실내경기

(8) 기타 프로그램 : 기념식 실황, 기자회견, 시상식, 영화제 생방송, 녹화방송 등

[영화제/시상식]

방송 프로그램들은 장르 파괴와 장르 믹스를 거쳐 '장르 융합'이라는 개념으로 새로운 기획과 아이디어를 선보이고 있다.

2000년대 들어와서 방송 제작 현장에 속속 등장하는 신조어들도 단어의 융합 방식을 통해서 만들어지고 있으며 2010년대 이후, 시청자들의 욕구와 기대, 미디어 산업의 변화와 신 미디어 등장에 따른 유저(User) 들의 영향으로 혼합장르 형의 방송 프로그램들이 생기고 있다.

예를 들어, '인포테인먼트(Infortainment)'는 '정보와 오락'을 함께 담아내는 정보 오락 프로그램을 이르고, '에듀테인먼트(Edutainment)'는 교육과 오락을 혼합한 교육 오락 프로그램을 말한다(이찬우(2016),/심길중, 텔레비전 제작론 참고 재정리).

Beauty Make up

03 CHAPTER

TV 프로그램 제작 과정

1 제작 3단계

TV 프로그램을 제작할 때는 그 종류와 성격에 따라 다양한 작업과 과정을 거쳐 완성되는데 그 제작 과정을 3단계, 즉 '기획', '제작', 그리고 '후반 작업'으로 구분할 수 있다.

드라마의 경우, 대본 리딩(reading), 드라이 리허설, 카메라 리허설 또는 드레스 리허설 등 연습 과정만 봐도 까다로울 수 있으나 기획에서 편집까지를 3단계 텔레비전 제직단계로 볼 수 있다.

뉴스 프로그램은 아나운서나 앵커의 예독(豫讀)은 있으나 리허설이나 후반 작업은 없고 대담 프로그램의 경우도 리허설이나 편집은 거의 없다. 특히 생방송인 경우는 더욱 그러하다.

그러나 드라마의 경우는 시퀀스(sequence)별로 녹화를 한다든지 야외 촬영분의 인서트(insert)가 많다든지 특수효과 추가 등을 위해 무엇보다 후반 작업이 중요해질 수도 있다.

- 드라마의 경우: 연습(독회-드라이 리허설-카메라 리허설-드레스 리허설)/녹화 생방송: 사전 계획 시간에 따라 시작되고 종료

1) 기획

- 제작 아이디어
- 콘셉트(Concept) 개발
- 목표와 제작방안 수립

- 대본 완성
- 예산 수립
- 제작팀 구성(연출, 기술감독, 미술감독 등)
- 기획회의
- 출연자 섭외 및 확정(Casting)
- 제작 일정(Schedule) 확정

2) 제작(촬영 및 녹화)

- 제작은 크게 생방송과 녹화로 나눌 수 있다.
- 생방송은 생방송이니까 사후 편집 없이 방송이 나가고 나면 모두 끝난다.
- 뉴스, 스포츠 중계, 행사 중계 등은 생방송 하듯 한 프로그램을 처음부터 끝까지 순서대로 'live on tape' 녹화하는 방식도 있는데 대개 연속극(soap opera), 게임 쇼, 토크 프로그램이 이런 식으로 제작된다.

3) 후반 작업(post production)

- 스튜디오 철거
- 오디오 스위트닝(Audio Sweetening): 필요한 소리의 삽입, 더빙, 수정 등
- 타이틀 편집 및 자막처리
- 특수효과 삽입
- 프로그램에 대한 평가

나중에 편집할 것을 감안하여 비디오 테이프에 수록한 프로그램은 반드시 편집이 필요하다.

편집시 연출자는 최종 완성 프로그램에 포함시킬 장면을 고르는 등 감독해야 하고 후반 작업은 완성된 장면들을 순서대로 연결하는 것처럼 간단한 경우도 있고 컴퓨터를 동원해야 할 만큼 복잡한 경우도 있다.

Beauty Make up

04 CHAPTER

영상 메이크업

영상물에서는 출연자나 연기자의 분장한 얼굴이 카메라를 거쳐 화면에 나타나게 되며 영화나 텔레비전의 매체를 통해 보여지는 작품에 시술되는 메이크업을 "영상 메이크업"이라 한다.

영상 메이크업은 ' 연기자나 배우의 가장 중요하고 효율적인 의사전달 수단'으로서 시청자들로 하여금 배역을 전달하고 극 흐름에 따른 몰입도를 높이며 성격을 이해시키기는 주요 역할을 한다. 대본에 나타난 인물의 기본 요소(연령, 직업, 경제적 상황, 건강상태, 역할 등) 여러 상황을 분석하여 배우의 외모를 설정하거나 바꾸는 작업이다.

얼굴 메이크업을 통해서 시대, 민족, 환경, 연령, 성격, 건강 등이 시각적으로 표현되고 피부색과 피부 상태의 유무에 따라 환경이나 직업, 건강 상태가 보여지며, 인공과 출생을 짐작할 수 있게 해준다. 눈과 눈썹의 모양에 따라 성격이나, 현재의 심리 상태 등을 알 수 있게 해준다(이미애, 2003).

1 영상 메이크업 기능과 특징

영상 메이크업은 무대 메이크업과 달리 무대에서 멀리 떨어져 있는 관객을 상대를 하지 않고 색에 민감한 카메라의 렌즈를 통해 보여지므로 무대 공연 메이크업보다 훨씬 사실적이고 섬세하게 이루어져야 하며, 연기자의 모습이 화면에 자연스레 보여져야 하며 시청자들이 그 인물과 캐릭터에 공감할 수 있어야 한다.

기존 TV 보다 5~6배 이상의 해상도를 갖고 있는 'HD(High Definition)' TV 등장으로 시청자들이 고화질 영상을 감상할 수 있게 되면서 방송 영상에 반응하는 민감도가 더욱 높아짐에 따라, 영상 메이크업이 훨씬 전문적이고 섬세해지고 자연스러운 피부톤과 질감, 색조 메이크업을 해야 한다.

1) 영상 메이크업 기능

조명으로 인한 맨 얼굴의 브라운관 반사(유분과 피지, 땀 등) 현상을 방지함으로써 출연자(연기자)의 얼굴 윤곽과 이목구비를 뚜렷이 전달하기 위한 '기본 메이크업(Straight Make Up)', 대본에 나타난 등장인물 배역과 역할에 맞는 성격 메이크업(Character Make Up)이 있다.

영상 브라운관, 영화 스크린의 재현색(육안색과 다른)을 미리 염두해 두고 스킨 톤과 질감을 선택해야 한다(색온도, 조명, 세트, 의상색, 촬영장소 및 시간대 등을 고려).

2) 공연(무대분장)과 영상분장의 차이

대극장이나 중극장 '공연 메이크업'은 배우의 '얼굴의 입체감'을 돋보이게 하기 위해 안면 윤곽이나 골격을 효과적으로 표현해야 하지만, '영상 메이크업'은 TV 출연자나 연기자를 위한 메이크업이므로 가장 먼저, 방송 프로그램 유형을 고려해야 한다.

'보도와 교양' 방송 프로그램 출연자는 '사실감과 자연스러움'을 전달하기 위해, '드라마'의 경우에는 자연인이 아닌 극 중, 배역이나 역할에 어울리는 효과적인 '성격 메이크업'을 하는 것을 말한다.

영화 영상 분장의 경우에도 장르에 따른 분장 디자인의 '리얼리티(Reality)'와 강약, 정도가 결정되며 감독이나 연출자의 기획 의도, 주제, 주 시청자 연령대와 특징, 방송 시간대, 관람 등급 등이 고려사항이다.

작업환경이나 제작 환경 등에 대한 이해도 중요한 사항이다.

연극의 경우, 공연 일정이 제한되어 있으므로 순차적인 작업 일정, 스케줄 작업이 가능함에 반해, 영화와 드라마는 시청자, 관객들이 관람하게 될 순서와 다른 순서대로 촬영되는 경우가 대부분이다.

그러므로 매 장면 촬영시, 앞과 뒤 씬(Scene) 별 연결, 상황별 메이크업이나 분장 변동 사항 점검 등을 사진으로 촬영해두고 메모를 해둠으로써 관객이나 시청자들이 봤을 때 장면 전환에 따를 분장의 급격한 변화가 느껴지지 않도록 주의해야 한다.

TV 방송 드라마의 경우, 스튜디오 녹화와 야외 촬영을 병행하는 것이 대부분이고 야외촬영 이후 방송국 스튜디오로 들어와서 남은 씬(Scene)들을 녹화한다.

2 영상 메이크업시 고려 사항

얼굴과 모발을 위주로 해서 인물의 성격 표현과 묘사 및 전달을 도와야 하며 의상, 장신구, 배경 세트, 소도구, 대도구 등과 조화를 이루도록 색채와 형태에 주의를 기울여야 한다.

특히 극 중 스토리의 이해를 돕기 위해 분장의 역할이 더욱 중요시되는 사극은, 과거사 속의 캐릭터의 특징을 이끌어내기 위한 매우 상징적인 작업을 통해 인물을 구축해 낼 수 있다.

캐릭터의 이미지를 시각화 해주는 여러 가지 메이트업 디자인 요소와 스타일 요소들은 작품의 이해를 돕고 시청자와 관객이 작품에 몰입할 수 있게 해주는 중요한 요소이다.

TV 드라마와 영화에서 연기자의 메이크업, 헤어, 의상은 작품 속 캐릭터의 직업, 경제적 여건, 시대, 연령 등까지도 짐작하게 할 수 있는 중요한 요소이다.

영상 작품에서 캐릭터를 담당하는 배우의 연기력뿐만 아니라 캐릭터를 극적으로 부각시키기 위한 시각적 이미지 효과를 여러 가지 요소로 나눌 수 있다.

메이크업, 특수효과 메이크업, 가발과 헤어 스타일링, 의상, 소품 등을 적절히 활용하여 상황과 역할에 맞는 캐릭터를 시각화하는데 도움을 줄 수 있다.

따라서 인물의 배경적 특성과 심리적 기능을 대신 표현해 줄 수 있는 기본적인 디자인 요소들에 대해 살펴볼 필요가 있다.

음악방송 전문 프로그램이나 연예 오락, 예능 프로그램에 출연하는 아이돌과 걸그룹, 가수들의 경우에는 주로 프로그램의 성격, 곡의 장르, 가사 내용에 따른 이미지스타일링을 기초로 멤버별, 가수 콘셉트에 맞춰 메이크업을 하게 된다.

1) 상업 광고(CF) 메이크업시 고려 사항

판매 상품, 제품 특성과 용도, 주 소비자층 파악. 계절 감각, 트렌드, 소비 동향을 이해 촬영장에서의 촬영 콘티와 앵글, 감독의 연출 의도 등을 고려한다.

2) 인쇄 미디어(전문잡지, 패션 화보) 사진 촬영 메이크업 시 고려 사항

- 조명과 메이크업과의 상관관계, 영향력, 앵글, 배경지 고려
- 모델의 매력 포인트, 의상과의 조화, 매체의 특징 고려

[사진 촬영 메이크업]

3) 무대 미디어(패션쇼) 메이크업 시 고려사항

디자이너의 패션 철학, 시즌별 트렌드, 의복 스타일과 이미지, 컬러 배색에 대한 전반적인 이해, 모델에 대한 이해, 무대 연출에 대한 이해(조명, 동선, 음향 효과, BGM 등)

3 영상 메이크업 순서와 방법

드라마 줄거리 요약물인 시놉시스를 잘 읽어보면서 작품의 주제와 장르, 연출가의 기획 의도, 등장 인물, 인물간 관계도, 캐스팅된 연기자들을 미리 파악한다.

[스튜디오 촬영]

매 회차별 대본을 잘 읽고 극 흐름을 살피면서 주인공과 주변 인물 등 각각의 성격 특징, 신체적 골격과 피부 조직, 인상학적 특징 등을 기준으로 분장 디자인을 머릿속에 구상하고 이후에는 일러스트레이션으로 디자인을 해본다.

분장 재료와 도구를 준비하고 촬영 스케줄표(스튜디오 녹화, 야외촬영)에 따른 연기자들의 메이크업순서표를 작성하고 필요한 재료를 미리 준비, 세팅해둔다.

방송 프로그램 촬영장에서 작업을 하고 수시로 모니터링(Monitoring)하면서 수정 또는 보완해준다(녹화 장면을 현장에서 보고 검토하는 일: 모니터링).

야외 촬영 이후, 스튜디오 녹화장에서 작업을 하면서 둘 사이의 분장 연결을 점검한다.

역사적 사실, 실화, 실존 인물, 시대극, 사극일 경우에는 당시 시대적 배경을 이해하고 역사적 상황과 사회문화적 특징, 정서와 이슈, 복장과 소품, 유행했던 헤어스타일, 등을 자료로 정리하면서 미리 스크랩한다.

때로는 관련 동영상을 시청, 박물관에 가서 실제 사료를 조사. 관찰하거나, 잡지나 신문 기사를 찾

아보고 스크랩해두기도 한다, 동일 시대를 배경으로 제작방송되었던 방송물을 시청하면서 참조하기도 한다.

[야외 드라마 촬영]

K BEAUTY

MAKEUP

BASIC

PART 06

메이크업 디자인 응용

K BEAUTY

MAKEUP

BASIC

01 CHAPTER 타임 메이크업(Time Makeup)

1 데이 메이크업(Day Makeup)

데이 메이크업(Day Makeup)은 낮 시간대에 어울리는 메이크업 스타일(Makeup Style)로, 자연스러운 아름다움을 강조한다. 주로 피부 본연의 생기를 살리기 위해 피부톤을 고르게 정리하고 가벼운 제품을 사용하며, 립은 생기있게 표현하고 색조는 밝고 가벼운 컬러를 사용하여 피부 본연의 생기를 살리면서 과하지 않고 단정하고 깔끔한 느낌을 강조하는 것이 특징으로, 주로 직장인이나 일상생활을 하는 낮 동안에 자연스럽고 편안하게 깔끔한 이미지를 연출하는 메이크업(Makeup)을 의미한다.

모델
이채빈/Insta: _ilxx/

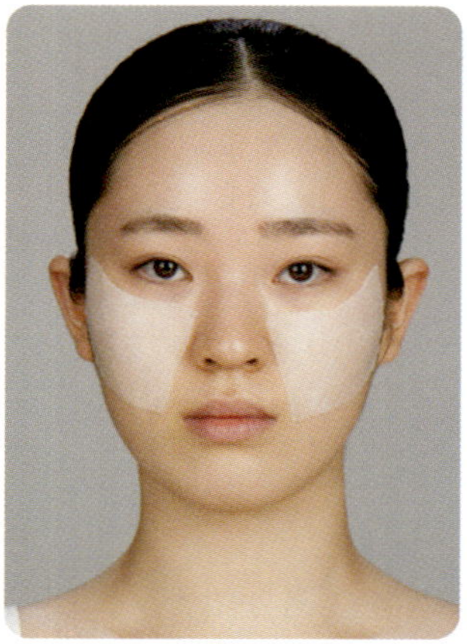

01

컨실러를 사용하여 톤 코렉팅(Tone Correcting), 잡티부터 윤곽까지 맑고 균일하게 커버한다. 정교한 다크서클(Darkcircles)을 커버해주며 바닐라 베이지 컬러(Vanilla Beige Color)로 잡티 커버를 동시에 한다.

02

최대한 얇고 화사하게 펴 발라 준 후 모델 피부 톤(Tone)에 맞춰서 베이스를 화사하게 한다. 파운데이션(Foundation)과 비비 크림(BB Cream)을 믹스(Mix)하여 연출한다.

03

소프트(Soft)한 음영감의 채도 낮은 브라운 컬러(Brown Color)를 믹스(Mix)해서 얼굴의 윤곽을 잡아준다. 사각턱 라인과 헤어라인 둥글려서 목선과 경계없이 연결한다. 눈썹뼈에서 콧등까지 쭉 이어서 전체적으로 쓸어 자연스럽게 콧대 높아 보이게 음영을 연출한다.

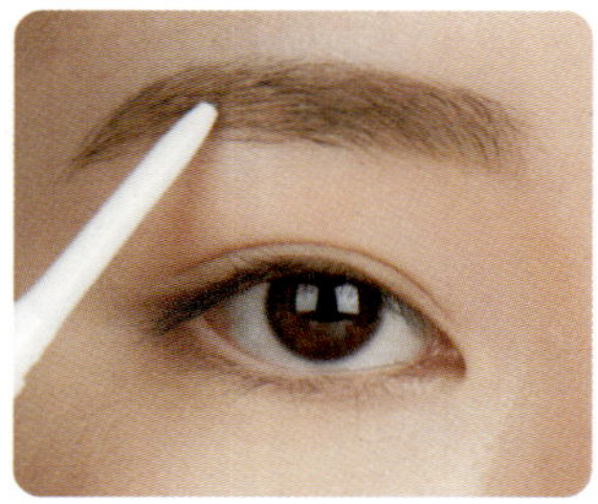

04

자연스럽게 눈썹을 채우고 데이 메이크업 이미지(Day Makeup Image)에 어울리는 모델 눈동자 컬러(Color)에 맞추어 자연스럽게 눈썹을 채워 준다.

05

연한 베이지 컬러(Soft Beige Color)로 음영 컬러(Color) 쌍꺼풀의 중간까지 컬러(Color)를 입혀 주면서 눈두덩이가 부어 보이지 않도록 눈의 입체감을 자연스럽게 연출한다.

06

아이래쉬 컬러(Eyelash Curler)를 해준다.

07

선명하고 깊이감 있는 딥브라운 컬러 아이라이너 펜슬(Deep Brown Color Eye-liner Pencil)로 점막을 메꿔준다. 자연스러우면서 또렷한 눈매를 연출 한다.

08

섬세한 컬링(Curling)과 내추럴한 롱래쉬(Natural Long Lash)를 사용하여 밀착 컬링(Curling)으로 속눈썹을 연출한다.

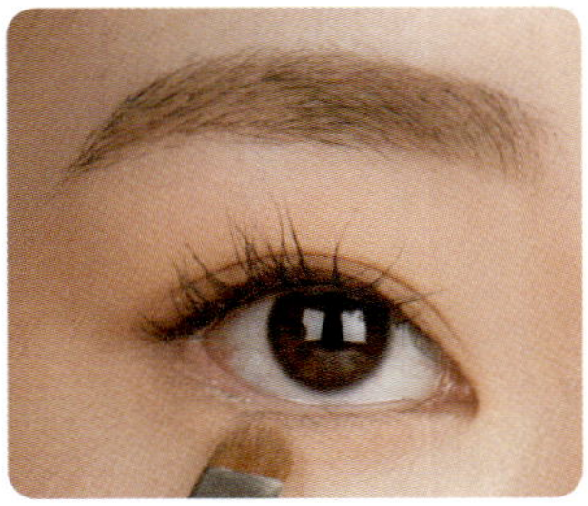

09

눈동자 중앙 언더부터 은은한 피치 컬러(Peach Color)으로 중앙에서 눈매 끝부분에서 언더 앞머리까지 연결한다.

10

크림블러셔(Cream Blusher) 터치 후 블러링 파우더(Blurring Powder)로 피부 사이사이를 메꿔주어 퓨어(Pure)하고 자연스러운 피부를 연출한다.

11

투명한 피부를 위해 확실하고 매끈하게 모공을 감쪽같이 그라데이션(Gradation) 처리해주며 가벼운 밀착으로 투명하고 매끈한 피부 연출한다.

12

청순하고 쿨한 핑크 컬러(Innocent Cool Pink Color)에 뮤트한 느낌이 있는 핑크 베이스 컬러(Mute Pink Base Color)를 입술 전체 여리여리하고 밝은 느낌으로 예쁘게 발라준다.

Before

After

사용제품

(1) 바닐라코 - 프라임 프라이머 메이크업 피니쉬 노세범 루스 가루 파우더 (Vanilla Co - Prime Primer Makeup Finish No-Sebum Loose Powder)
(2) 웨이크메이크 소프트 블러링 아이팔레트 - 18호 피치 크러시 블러링 (Wakemake Soft Blurring Eye Palette - No.18 Peach Crush Blurring)
(3) 데이지크 블렌딩 무드 치크-9호 아몬드바닐라 (Dasique Blending Mood Cheek - No.9 Almond Vanilla)
(4) 페리페라 - 3호 그레이쉬 쿨 (Peripera - No.3 Greyish Cool)
(5) 글로우 - 낫 드라이 컨실러 라이트+로지살몬 (Glow - Not Dry Concealer Light + Rosy Salmon)
(6) 미샤 -노리터치 보정 마스카라 (Missha - No-Touch Correction Mascara)
(7) 하트퍼센트 - 01 피치 베이지 (Heartpercent - No.01 Peach Beige)
(8) 더샘 커버 퍼펙트 팁 컨실러 - 1.5호 내추럴 베이지 (The Saem Cover Perfect Tip Concealer - No.1.5 Natural Beige)
(9) 드롭비컨실러 - 1호 클리어베이지 (Drop B Concealer - No.1 Clear Beige)
(10) 나스 아이섀도우 - 갈라파고스 (NARS Eyeshadow - Galapagos)
(11) 미샤 모던섀도우 - 306 피오니부케 (Missha Modern Shadow - No.306 Peony Bouquet)
(12) 에이치 블러틴트 - 01 데일리 (H Blur Tint - No.01 Daily)
(13) 입큰 퍼스널 톤 치크라이터 듀오 -웜라이터 (IPKN Personal Tone Cheeklighter Duo - Warmlighter)
(14) 페리페라 오버블러틴트 - 04 코랄랄라 (Peripera Over Blur Tint - No.04 Corallala)
(15) 바닐라코 쉬어 벨벳 베일틴트 - PK 01 발레리나 (Vanilla Co Sheer Velvet Veil Tint - PK01 Ballerina)
(16) 피브 컬러세럼블러셔 - 노메이크업 (FEEV Color Serum Blusher - No Makeup)
(17) 클리오 - 킬커버 글로우 광채파운데이션 (Clio Kill Cover Glow Radiance Foundation)
(18) 달바 비건워터풀 핑크톤업 선크림 (d'Alba Vegan Waterfull Pink Tone-up Sun Cream)
(19) 셀퓨전씨 - 스킨 블레미쉬 밤 인텐시브 비비크림 (Cell Fusion C - Skin Blemish Balm Intensive BB Cream)
(20) 온그리디언츠 스킨 베리어 카밍 로션 (Oningredients Skin Barrier Calming Lotion)

2 나이트 메이크업(Night Makeup)

나이트 메이크업(Night Makeup)은 저녁이나 밤에 어울리는 화려하고 세련된 분위기의 메이크업(Makeup)이다. 밤 시간대에 어울리는 메이크업(Makeup)으로, 화려하고 세련된 분위기를 강조한다. 주로 조명 아래에서 이목구비가 돋보일 수 있도록 피부는 매트하게 표현하거나 고급스러운 광택이 나도록 표현하고, 짙은 컬러를 사용하여 화려한 느낌을 강조하는 것이 중요하다. 따라서 클럽, 파티, 공식 행사 등에서 빛을 받을 때 더욱 돋보이도록 강한 색조와 강조된 윤곽이 특징이다.

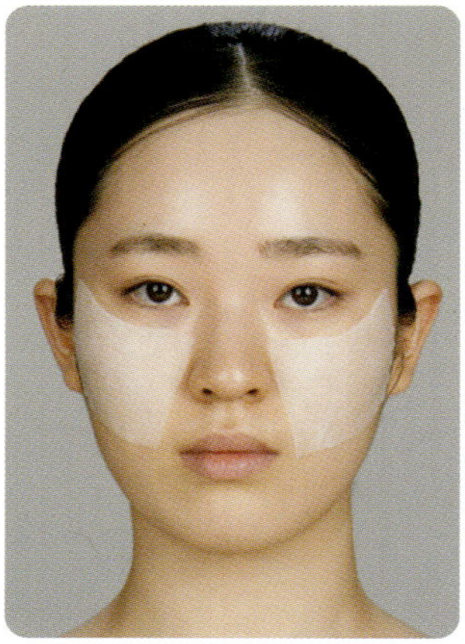

01

토너 패드(Toner Pad)를 사용하여 민감한 피부를 진정시킨다.

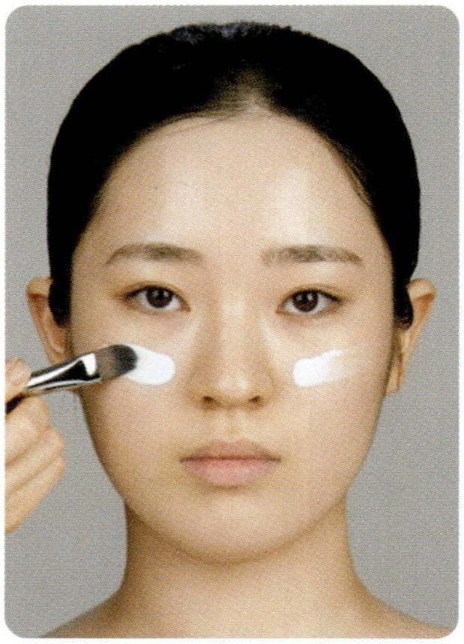

02

블루 컬러 프라이머(Blue Color Primer)로 입체감을 연출하고 톤 업(Tone Up)을 시켜준다.

03

컨실러를 사용하여 다크서클(Darkcircles)을 커버해준다. 커버력이 좋은 파운데이션(Foundation)과 촉촉한 질감의 파운데이션(Foundation)을 1:1로 믹스(Mix)해서 피부 전체에 펴발라준다.

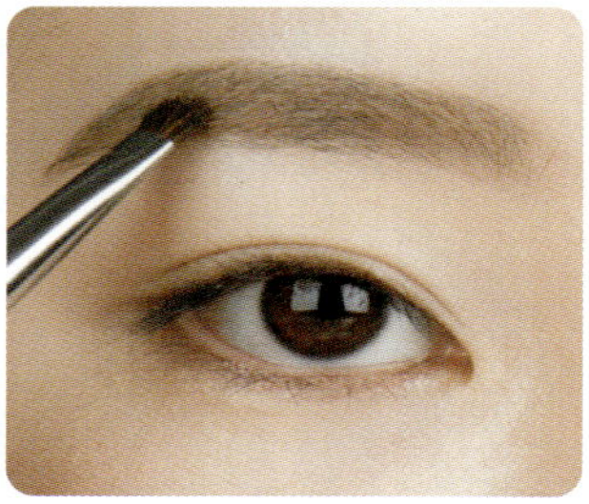

04

눈동자 컬러(Color)에 맞춰 두 가지 컬러(Two Colors)를 믹스(Mix)하여 부드러운 아치형 눈썹으로 자연스럽게 연출한다.

05

그레이&골드 브론즈 컬러(Gray&Gold Bronze Color)로 쌍꺼풀라인(Line)까지 올려주어 눈매를 깊이감 있게 연출한 후 골드 베이지&버건디 컬러(Gold Beige&Burgundy)를 눈끝부터 자연스럽게 아이홀 부분까지 앞으로 빼듯 발라준다.

06

날카롭게 수평으로 눈꼬리를 빼서 블랙 아이라이너(Black Eyeliner)로 아이라인을 그려준다.

07

언더 아이라인 옆면부터 블랙 섀도우(Black Shadow)를 스머징(Smudging)하는 느낌으로 작은 브러시(Small Brush)로 얇게 블렌딩(Blending) 해준 후 버건디&블랙 컬러(Burgundy & Black Color)로 삼각존을 메꾸면서 얇게 채워준다.

08

언더 눈 앞머리 쪽에 젤글리터(Gel Glitter)를 사용하여 촘촘한 글리터(Glitter)를 연출한다.

09

컨투어링(Contouring)으로 얼굴의 윤곽을 균일하게 잡아준다.

10

T존 부위에 쉬머한 하이라이터로 즉각적인 광채를 더해주며 자연스러운 광부터 강렬하고 눈부신 광채를 주어 콧대를 높아 보이게 연출한다.

11

채도가 있는 말린 장미 컬러(Dried Rose Color)로 광대 쪽 연결하여 블러셔(Blusher) 연출한다.

12

그레이 컬러&핑크(Gray & Pink) 한방울 들어간 베이스립(Base Lip)을 발라준 후 로지컬러 립(Rosy Color Lip)을 사용하여 립 라인(Lip Line)을 전체적으로 발라준다. 레드&퍼플 컬러(Red & Purple Color)로 입술 중앙에 촉촉하게 볼륨감을 준다.

Before

After

사용제품

(1) 맥 스튜디오 픽스 컨실 앤 코렉트 팔레트 - 라이트 (MAC Studio Fix Conceal and Correct Palette - Light)
(2) 맥 블러셔 - 멜바 , 블러쉬베이비 (MAC Blush - Melba, Blushbaby)
(3) 맥 15구 팔레트 - 웜뉴트럴 (MAC 15-Pan Palette - Warm Neutral)
(4) 롬앤 베러댄 컨투어 브러쉬 - 01 뉴트럴 웜 (Rom&nd Better Than Contour Brush - 01 Neutral Warm)
(5) 크리니크 치크팝 - 헤더팝 (Clinique Cheek Pop - Heather Pop)
(6) 디올 백스테이지 글로우 페이스 팔레트 - 04 로즈골드 (Dior Backstage Glow Face Palette - 04 Rose Gold)
(7) 꾸셀 - 메이크업 베이스 오리지널 (Coucelle - Makeup Base Original)
(8) 미샤 - 노리터치 보정 마스카라 (Missha - No-Touch Correction Mascara)
(9) 에뛰드 재창조 메이커 쉐딩스틱 - 쿨쉐딩 (Etude Re-Creation Maker Shading Stick - Cool Shading)
(10) 하트퍼센트 - 01 피치 베이지 (Heartpercent - No.01 Peach Beige)
(11) 페리페라 스피디 스키니 브로우 마스카라 - 4호 애쉬브라운 (Peripera Speedy Skinny Brow Mascara - No.4 Ash Brown)
(12) 슈에무라 하드 포뮬라 - 02 씰 브라운 (Shu Uemura Hard Formula - No.02 Seal Brown)
(13) 홀리카홀리카 아이 스팽글리터 - 05 미러볼파츠 (Holika Holika Eye Spangle Glitter - No.05 Mirrorball Parts)
(14) 에뛰드 오 마이 래쉬 투명 마스카라 (Etude Oh My Lash Clear Mascara)
(15) 에뛰드 컬픽스 마스카라 - 01 블랙 (Etude Curl Fix Mascara - No.01 Black)
(16) 글로우 글래스 글리터 - 플레져스 (Glow Glass Glitter - Pleasures)
(17) 더샘 커버 퍼펙트 팁 컨실러 - 1.5호 내추럴 베이지 (The Saem Cover Perfect Tip Concealer - No.1.5 Natural Beige)
(18) 드롭비 컨실러 - 1호 클리어베이지 (Drop B Concealer - No.1 Clear Beige)
(19) 나스 아이섀도우 - 갈라파고스 (NARS Eyeshadow - Galapagos)
(20) 미샤 모던섀도우 - 306 피오니부케 (Missha Modern Shadow - No.306 Peony Bouquet)
(21) 글로우 - 낫 드라이 컨실러 라이트+로지살몬 (Glow - Not Dry Concealer Light + Rosy Salmon)
(22) 바닐라코 - 프라임 프라이머 메이크업 피니쉬 노세범 루스 가루 파우더 (Vanilla Co - Prime Primer Makeup Finish No-Sebum Loose Powder)
(23) 입큰 플랩원 페이스 팔레트 - 청담 어라운드 (IPKN Flap One Face Palette - Cheongdam Around)

(24) 루나 컨실러 팔레트 블렌더 - 02호 퓨어커버 (Luna Concealer Palette Blender - No.02 Pure Cover)
(25) 디올 백스테이지 아이 팔레트 - 02 스모키에센셜 (Dior Backstage Eye Palette - No.02 Smoky Essential)
(26) 바닐라코 쉬어 벨벳 베일틴트 - RD02 로지어페어 (Vanilla Co Sheer Velvet Veil Tint - RD02 Rosier Affair)
(27) 3CE 드롭글로우젤 - 베리슈얼 (3CE Drop Glow Gel - Berry Sure)
(28) 에이치 블러틴트 - 01 데일리 (H Blur Tint - No.01 Daily)
(29) 엘스몰 럭키래쉬 속눈썹 (Elsmall Lucky Lash False Eyelashes)
(30) 듀오 투명 접착제 [언더용] (DUO Clear Adhesive [Under Lash])
(31) 듀오 블랙 접착제 [라인용] (DUO Black Adhesive [Liner])
(32) 픽스 - 코팅 젤픽서 (FIX - Coating Gel Fixer)
(33) VDL 컬러 코렉팅 - 03 세레니티 (VDL Color Correcting - No.03 Serenity)
(34) 디올 포에버 스킨 글로우 24H 웨어 래디언트 파운데이션 - on (Dior Forever Skin Glow 24H Wear Radiant Foundation - On)
(35) 에이오유 픽서 (AOU Fixer)
(36) 에스쁘아 프로 테일러 비건 파운데이션 비벨벳 - 페탈 (Espoir Pro Tailor Vegan Foundation Be Velvet - Petal)

CHAPTER 02 계절 메이크업(Seasonal MakeUp)

1 봄 웜 메이크업(Spring Warm Makeup)

봄 웜 메이크업(Spring Warm Make up)은 봄 웜(Spring Warm)에 어울리는 따뜻한 살구나 피치 컬러(Peach Color)의 섀도우로 겨울의 차가운 색감에서 벗어나 '화사하고 생기 넘치는' 분위기를 연출한다. 피부는 맑고 투명하게 표현되고 브라운(Brown) 계열의 아이라인, 아이브로우(Eyebrow) 등을 활용하여 자연스러운 메이크업(Makeup)을 하는게 중요하다.

모델
나래(외지)/Insta: na_araee

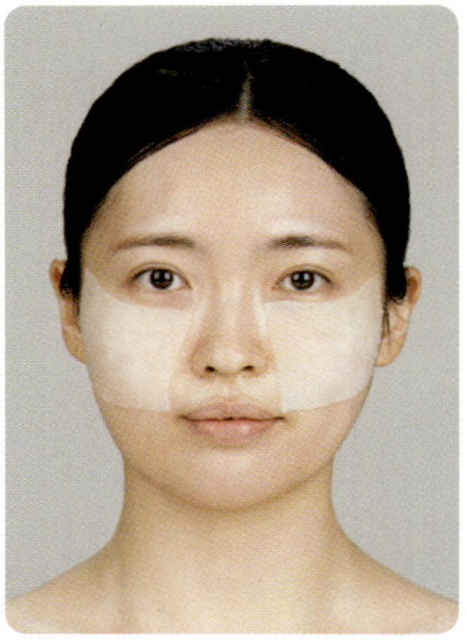

01

시카 토너패드(Cica Toner Pad)로 민감한 피부를 진정시켜 준다. 메이크업(Make-up) 유지력을 도와주는 프라이머(Primer)를 피부 안쪽에서 바깥쪽으로 부드럽게 펴 발라준다.

02

레몬 컬러(Lemon color)의 컨실러로 다크서클(Darkcircles) &붉은기를 커버해주고 라벤더 포그(Lavender Fog)로 칙칙함과 노란기를 커버해준다. 소프트 핑크(Soft pink)로 U존 하이라이팅(Highlighting) 효과를 연출한다.

03

내추럴(Natural) 수분 광채를 주며 얼굴 전체에 파운데이션 브러시(Foundation Brush)로 얇게 펴바른 후 스펀지(Sponge)를 사용하여 가볍게 밀착시킨다.

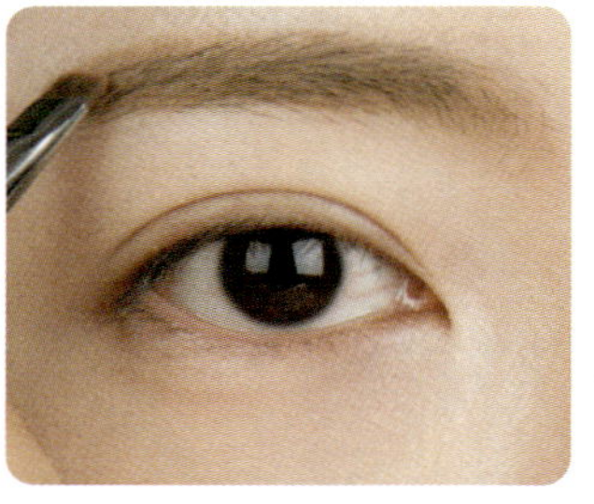

04

눈동자 컬러에 맞춰 자연스러운 아치형 눈썹을 연출한다. 두 가지 컬러(Two Colors)를 파우더(Powder) 타입의 아이브로우(Eyebrow)로 믹스(Mix)하여 자연스러운 눈썹을 연출한다.

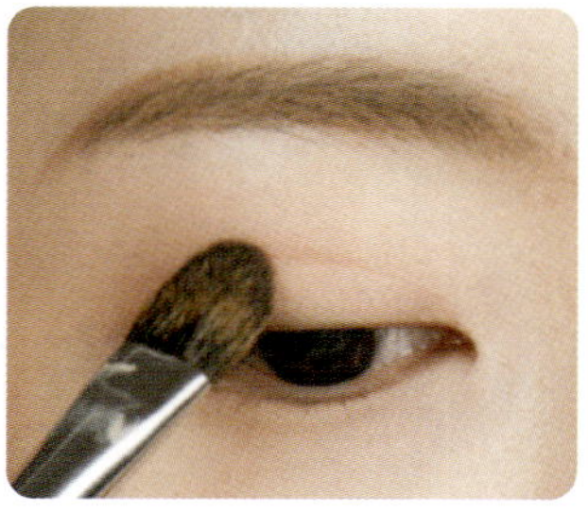

05

베이지 컬러(Beige Color)와 피치 컬러(Peach Color)를 믹스(Mix)해서 눈두덩이 베이스(Base)에 펴발라준다. 점막 가까이에 포인트(Point) 음영을 넣어준다.

06

라이트 브라운 컬러 아이라이너로(Light Brown Color Eyeliner) 또렷한 눈매를 연출한다.

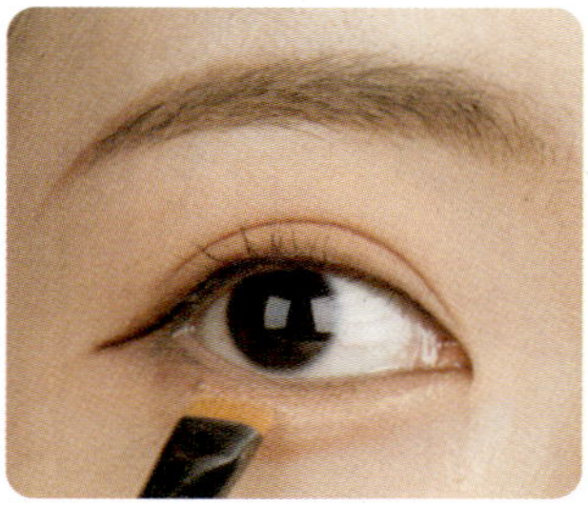

07

피치 컬러(Peach color)로 눈동자 중앙 언더부터 언더 꼬리와 언더 앞머리까지 연결한다. 진하지 않은 브라운 컬러(Light Brown Color)로 중앙에서 언더 꼬리까지 자연스러우면서 눈매를 시원해 보이도록 연출한다.

08

가닥 속눈썹을 자연스럽게 붙여준다. 모델의 속눈썹을 풍성해 보이게 마스카라(Mascara)를 하고 인조 언더 속눈썹(Fake Under Eyelashes)을 한올한올 붙여준다.

09

베이지 코랄 컬러(Beige Coral Color)부터 깊이감이 느껴지는 피치 컬러(Peach Color)로 귀엽고 사랑스럽게 과즙 블러셔 연출한다.

10

3단계의 브라운 컬러(3 Brown Colors)를 믹스(Color Mix)해서 얼굴의 음영을 준다.

11

하이라이트(Highlight)로 T존 부위를 더욱 높아 보이게 하이라이터(Highlighter)로 콧대를 연출한다.

12

누드 피치 컬러(Nude Peach Color)를 입술 전체에 펴발라 매끈한 입술을 표현한다. 부드러운 피치&애프리콧 컬러(Peach&Apricot Color)를 발라 발랄한 이미지를 연출한다. 형광기 도는 코랄 컬러(Coral Color)를 입술 중앙에 넣어 상큼한 입술을 연출한다.

Before

After

사용제품

(1) 루나 컨실러 팔레트 블렌더 - 02호 퓨어커버 (Luna Concealer Palette Blender - No.02 Pure Cover)
(2) 입큰 플랩원 치크팔레트 - 로지핑크 (IPKN Flap One Cheek Palette - Rosy Pink)
(3) 입큰 플랩원 페이스 팔레트 - 청담 어라운드 (IPKN Flap One Face Palette - Cheongdam Around)
(4) 데이지크 블렌딩 무드치크 - 07 캔디베리 (Dasique Blending Mood Cheek - No.07 Candy Berry)
(5) 웨이크메이크 - 7호 소다코랄 블러링 (Wakemake - No.07 Soda Coral Blurring)
(6) 바닐라코 - 프라임 프라이머 메이크업 피니쉬 노세범 루스 가루 파우더 (Vanilla Co - Prime Primer Makeup Finish No-Sebum Loose Powder)
(7) 페리페라 브이쉐딩 - 01 내추럴브라운 (Peripera V Shading - No.01 Natural Brown)
(8) 아나스타샤 베버리힐즈 브로우 파우더 듀오 - 토프 (Anastasia Beverly Hills Brow Powder Duo - Taupe)
(9) 3CE 블러셔 - 누드피치 (3CE Blusher - Nude Peach)
(10) 크리니크 블러셔 - 20 소르베팝 (Clinique Blusher - No.20 Sorbet Pop)
(11) 매드피치 무드 믹스 크림 블러셔 - 애프리콧플러쉬 (Mad Peach Mood Mix Cream Blusher - Apricot Flush)
(12) 삐아 - 06 다우니피그 (Bbia - No.06 Downy Fig)
(13) 삐아 - 다우니코랄 (Bbia - Downy Coral)
(14) 페리페라 스피디 스키니 브로우 마스카라 - 4호 애쉬브라운 (Peripera Speedy Skinny Brow Mascara - No.4 Ash Brown)
(15) 페리페라 스피디 스키니 브로우 마스카라 - 2호 다크브라운 (Peripera Speedy Skinny Brow Mascara - No.2 Dark Brown)
(16) 슈에무라 하드포뮬라 - 브라운 (Shu Uemura Hard Formula - Brown)
(17) 엘스몰 럭키래쉬 속눈썹 (Elsmall Lucky Lash False Eyelashes)
(18) 이니스프리 스키니 꼼꼼카라 마스카라 - 2호 브라운 (Innisfree Skinny Microcara Mascara - No.2 Brown)
(19) 미샤 - 노리터치 보정 마스카라 (Missha - No-Touch Correction Mascara)
(20) 듀오 투명접착제 [언더용] (DUO Clear Adhesive [Under Lash])
(21) 듀오 블랙 접착제 [라인용] (DUO Black Adhesive [Liner])
(22) 홀리카홀리카 - 03 스트로베리크림 (Holika Holika - No.03 Strawberry Cream)
(23) 릴리바이레드 러브빔 치크밤 - 06 복숭빔 (Lilybyred Love Beam Cheek Balm - No.06 Peach Beam)

(24) 페리페라 - 브이 쉐딩 블렌딩 스틱 01호 내추럴 브라운 (Peripera - V Shading Blending Stick No. 01 Natural Brown)
(25) 데이지크 무드슬림 라이너 - 07 소프트피치 (Dasique Mood Slim Liner - No.07 Soft Peach)
(26) 투쿨포스쿨 아트클래스 프로타주 - 1호 샤이닝린넨 (Too Cool For School Artclass Protégé - No.1 Shining Linen)
(27) 투쿨포스쿨 아트클래스 프로타주 - 8호 센티트부케 (Too Cool For School Artclass Protégé - No.8 Scented Bouquet)
(28) 에이치 블러틴트 - 03 베어리 (H Blur Tint - No.03 Barely)
(29) 에이치 블러틴트 - 01 데일리 (H Blur Tint - No.01 Daily)
(30) 롬앤 베어 물 틴트 - 01 베어 바닐라 (Rom&nd Bare Water Tint - No.01 Bare Vanilla)
(31) 레미유 모이스트 립블러 틴트 - 04 멜로우 (Lemieu Moist Lip Blur Tint - No.04 Mellow)
(32) 페리페라 잉크 더 에어리 벨벳 - 08 최예쁨템 (Peripera Ink The Airy Velvet - No.08 Best Item)
(33) 미샤 팔레트 페인트 젤라이너 - 브라운 (Missha Palette Paint Gel Liner - Brown)
(34) 미샤 아이프라이머 (Missha Eye Primer)
(35) 키치캐치 패스티브 아이라이너 - 모던브라운 (Kitsch Catch Festive Eyeliner - Modern Brown)
(36) 글로우 글래스 글리터 - 디비전 (Glow Glass Glitter - Division)
(37) 홀리카홀리카 아이 메탈 글리터 - 01 스텔라더스트 (Holika Holika Eye Metal Glitter - No.01 Stellar Dust)
(38) 코드 - 픽스온프라이머 (Code - Fix On Primer)
(39) 어뮤즈 듀웨어 파운데이션 - 1.5 내추럴 (Amuse Dew Wear Foundation - No.1.5 Natural)
(40) 클리오 - 킬커버 글로우 광채파운데이션 - 2.5 라이트베이지 (Clio Kill Cover Glow Radiance Foundation - No.2.5 Light Beige)
(41) 프로에잇청담 - 부스터크림 (Pro8Cheongdam - Booster Cream)

2 여름 쿨 메이크업(Summer Cool Makeup)

여름 쿨 메이크업(Summer Cool Makeup)은 햇빛을 받아 반짝이는 피부를 강조하는 메이크업(Makeup)으로, '시원하고 생기 있는 분위기'를 강조한다. 주로 피부톤은 피부가 햇볕에 자연스럽게 그을린 듯한 톤으로 표현되고, 전체적으로 핑크(Pink), 바이올렛(Violet), 계열이 들어간 색조로 메이크업(Makeup)을 표현한다. 여름 쿨(Summer Cool)톤은 피부가 차가운 기운을 띄고 있으며, 푸른빛(Blue)과 핑크빛(Pink)이 돋보이는 특성이 있다. 맑고 선명한 컬러를 활용하여 시원하고 생기 있는 분위기를 연출하면서 물에 강한 제품을 선택해 땀과 습기에도 지속될 수 있게 표현하는 것이 특징이다.

모델 : 양다솜
Insta : somsom_pole

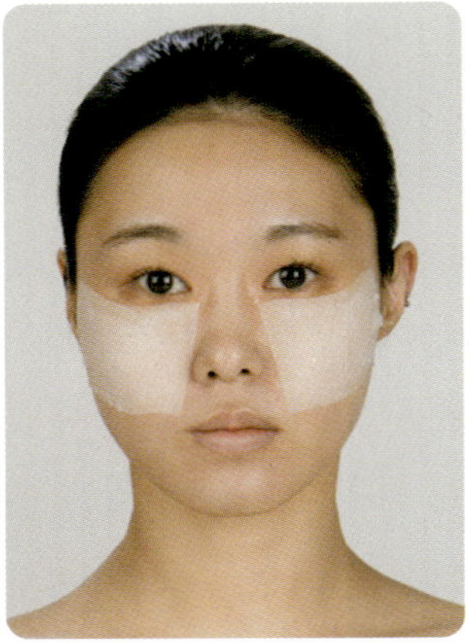

01
시카 토너패드(Cica Toner Pad)로 민감한 피부를 진정시켜 준다. 립 마스크팩(Lip Mask Pack)을 바르고 입술 각질 보습 케어를 한다.

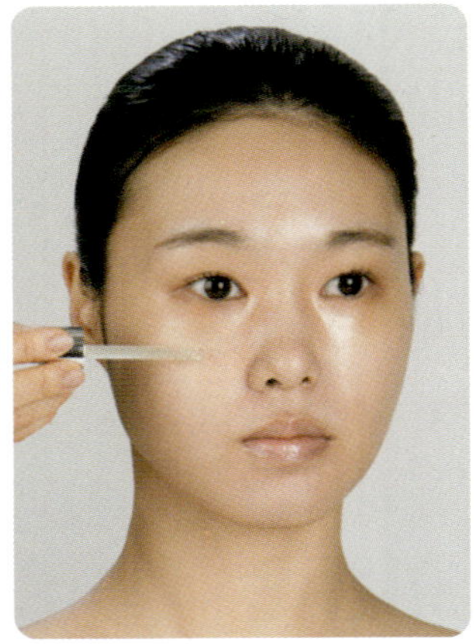

02
쿨링(Cooling) 효과로 열감에 의한 피부진정이 되는 앰플(Ample)로 수분 공급을 해준다.

03
여름에는 피부에 유분이 많이 많기 때문에 프라이머(Primer)를 이용해 콧볼 T존 부위와 이마라인, 턱 모공 커버로 화장 지속력을 위해 꼼꼼히 발라준 후 핑크 컬러(Pink Color), 꺼진 부위를 밝혀주는 라이트 핑크 컬러(Light Pink Color)로 다크서클(Darkcircles)을 밝혀준다.

04
핑크(Pink)빛의 밝은 색이 도는 파운데이션을 사용하여 칙칙한 피부를 화사하게 톤업(Tone-Up)시켜 준다. 커버력이 좋은 파운데이션과 촉촉한 발림성을 갖고 있는 비비크림을 믹스하여 얼굴 전체에 파운데이션 브러시(Foundation Bursh)로 얇게 펴 바른 후, 스펀지(Sponge)로 두드리며 얇게 밀착시켜 준다.

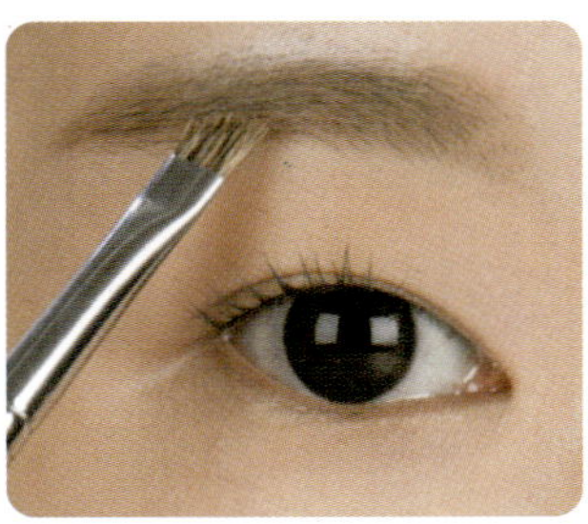

05
자연스러운 눈썹을 연출할 수 있는 파우더 타입의 아이브로우(Powder Type Eyebrow)로 디자인한다.

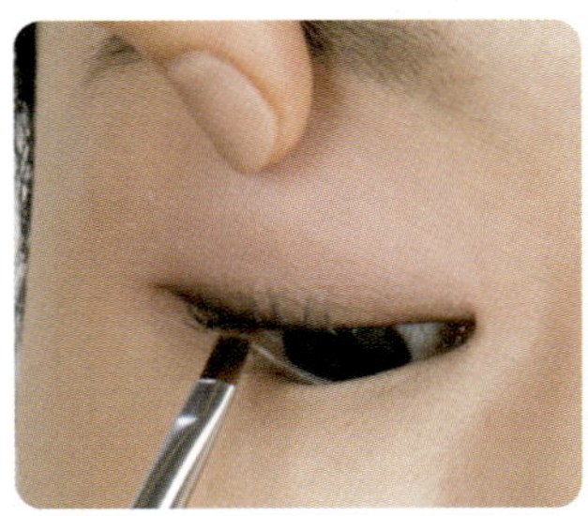

06
라이트 핑크컬러(Light Pink Color)를 눈두덩이 전체에 베이스(Base)를 바르고 딥 퍼플&로즈 핑크(Deep Purple & Rose Pink)를 쌍꺼풀 라인까지 올려주어 연출한다. 미세한 글리터를 쌍꺼풀 라인에 가볍게 얹어준다. 따뜻한 베이지 톤&피치 브라운(Warm Beige Tone & Peach Brown)과 스모키 그레이(Smoky Gray)를 믹스(Mix)하여 포인트(Point)로 넣어주면서 눈매를 또렷하게 연출한다.

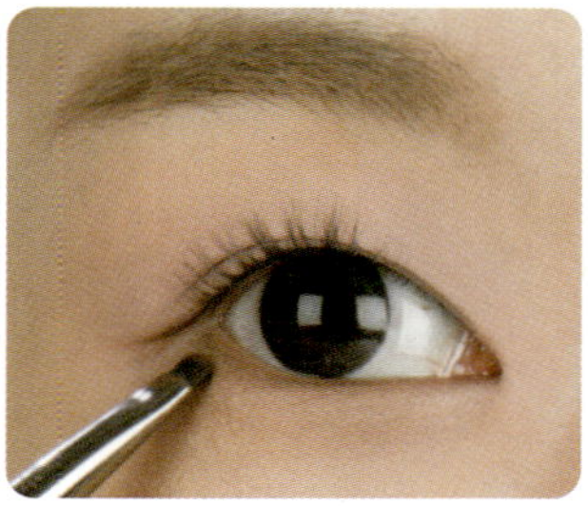

07

눈동자 중앙 언더부터 중앙에서 꼬리와 앞머리까지 밝은 라벤더 컬러(Bright Lavender Color)를 도포한다. 그레이&핑크 컬러(Gray & Pink)와 다크 브라운 컬러(Dark Brown Color)를 믹스(Mix)하여 삼각존을 매꿔주며 눈동자 중앙 언더까지 얇은 플랫 브러시(Flat Brush)로 포인트 컬러(Point Color)를 넣은 후 앞머리까지 연결한다.

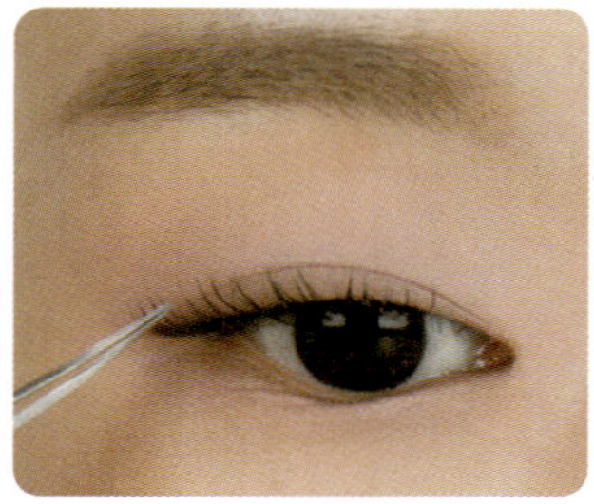

08

진짜 속눈썹처럼 자연스러운 가닥 속눈썹으로 섬세하게 한 올한올 연출한다.

09

핑크 베이스&화사한 라벤더 컬러(Pink Base & Light Lavender Color)로 과즙 블러셔를 연출한다. 볼 중앙에서 눈밑 애굣살과 가깝게 브러시(Brush)를 이용해 레이어링(Layering)해준다.

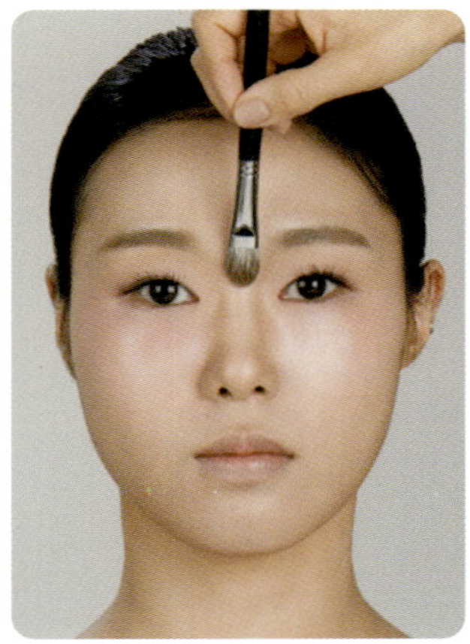

10

광채 크림(Cream)의 촉촉함과 파우더(Powder)의 펄감을 모두 살린 하이라이터(Highlighter)로 T존 부위를 더욱 높아 보이게 하이라이터(Highlighter)로 콧대를 연출한다.

11

3단계의 브라운 컬러(3 Brown Colors)를 믹스(Color Mix)해서 얼굴의 음영을 준다.

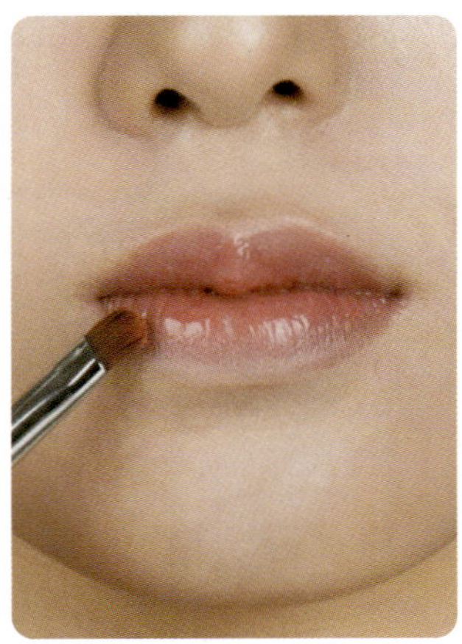

12

부드러운 베이지 핑크 컬러(Soft Beige Pink Color)로 입술 전체에 펴바른다. 파스텔 핑크(Pastel Pink)로 발랄한 이미지(Image)를 연출한다. 형광기가 도는 코랄 컬러(Fluorescent Coral Color)로 상큼한 립(Lip)을 연출한다.

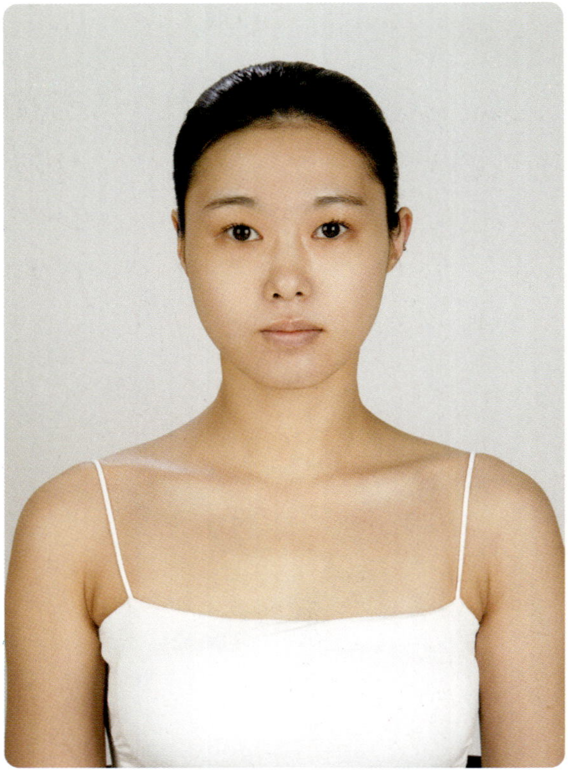

Before

After

사용제품

(1) 클리오 - 자두자두제철이야 (Clio - Plum Plum Season)
(2) 루미르 섀도우 팔레트 - 11PM 썸머나잇 (Lumir Shadow Palette - 11PM Summer Night)
(3) 깜빡 속눈썹 - 10mm (Kkamppak False Eyelashes - 10mm)
(4) 맥 스튜디오 픽스 컨실 & 코렉트 팔레트 (MAC Studio Fix Conceal & Correct Palette)
(5) 입큰 플랩원 치크팔레트 - 페일핑크 (IPKN Flap One Cheek Palette - Pale Pink)
(6) 루미르 브로우 펜슬 - 01 소프트 그레이 (Lumir Brow Pencil - No.01 Soft Gray)
(7) 머지 더 퍼스트 슬림 젤 아이라이너 - GS3 브론즈 오팔 (Merzy The First Slim Gel Eyeliner - GS3 Bronze Opal)
(8) 에뛰드 재창조 메이커 쉐딩스틱 - 쿨 (Etude Re-Creation Maker Shading Stick - Cool)
(9) 크리니크 블러셔 - 발레리나팝 (Clinique Blusher - Ballerina Pop)
(10) 페리페라 - 3호 그레이쉬 쿨 (Peripera - No.3 Greyish Cool)
(11) 프로에잇청담 - 부스터크림 (Pro8Cheongdam - Booster Cream)
(12) 하트퍼센트 도트온 무드 립펜슬 - 04 스트로베리 밀크 (Heartpercent Dot On Mood Lip Pencil - No.04 Strawberry Milk)
(13) 웨이크메이크 듀이 젤 글로우 틴트 - 10 하이퍼베리 (Wakemake Dewy Gel Glow Tint - No.10 Hyper Berry)
(14) 롬앤 쥬시래스팅 틴트 - 26 베리베리핑크 (Rom&nd Juicy Lasting Tint - No.26 Very Very Pink)
(15) 달바 비건 워터풀 핑크 톤업 선크림 (d'Alba Vegan Waterfull Pink Tone-up Sun Cream)
(16) 꾸셀 리퀴드 파운데이션 - 100호 (Coucelle Liquid Foundation - No.100)
(17) 글로우 브리더블 비비크림 - one (Glow Breathable BB Cream - One)
(18) 연작 스킨 퍼펙팅 베이스 프렙 (Yunjac Skin Perfecting Base Prep)
(19) VDL 파운데이션 - A01 17호 (VDL Foundation - A01 No.17)
(20) 코드 - 픽스온 프라이머 (Code - Fix On Primer)

3 가을 웜 메이크업(Autumn Warm Makeup)

가을 웜 메이크업(Autumn Warm Makeup)은 여름의 화려함과 겨울의 칙칙함 사이에서 균형을 이루는 메이크업(Makeup)으로, '깊이 있고 세련된 분위기'를 강조한다. 주로 피부는 매트하게 표현되고, 붉지 않은 따뜻한 웜 베이지(Warm Beige), 웜 브라운(Warm Brown) 계열의 부드러운 색조로 브라운(Brown)의 깊고 그윽한 음영을 중심으로 한 메이크업(Makeup)이다. 성숙하고 우아하며 차분하면서도 '깊이 있는 분위기를 연출'하는 것이 특징이다.

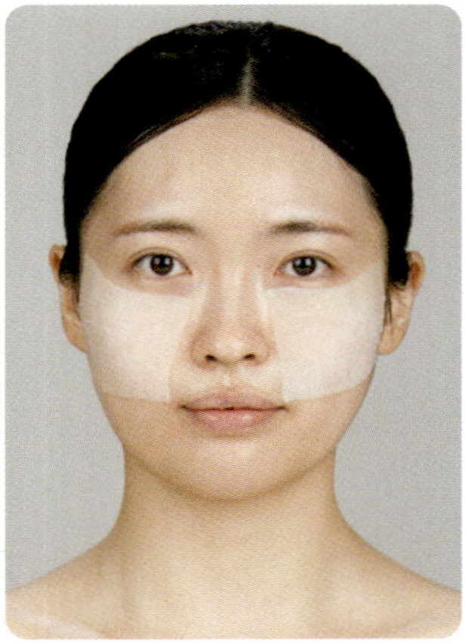

01

시카 토너패드(Cica Toner Pad)로 민감한 피부를 진정시켜 준다. 립 마스크 팩(Lip Mask Pack)을 바르고 입술 각질 보습 케어를 한다.

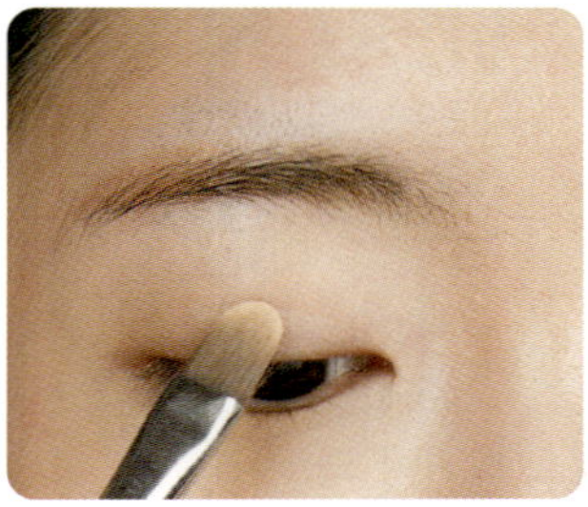

02

핑크 컬러(Pink Coloe), 꺼진 부위를 밝혀주는 라이트 핑크 컬러(Light Pink Color)로 다크서클(Darkcircles)을 밝힌다. 가을 웜톤(Autumn Warm Tone)의 피부색은 밝지 않도록 웜톤 매트 파운데이션 23호 컬러(Warm Tone Matte Foundation Color 23)에 맞추고 유분기를 잡아주며 도자기결 피부를 연출한다.

03

살구 브라운(Apricot+Brown) 느낌의 뉴트럴 베이스 컬러(Neutral Base Color)를 메인 섀도우로 눈두덩이 전체에 발라준다. 쌍꺼풀 라인의 중간까지 무펄 브론즈 컬러(Bronze Color)로 깊고 우아한 눈매의 음영 연출한다.

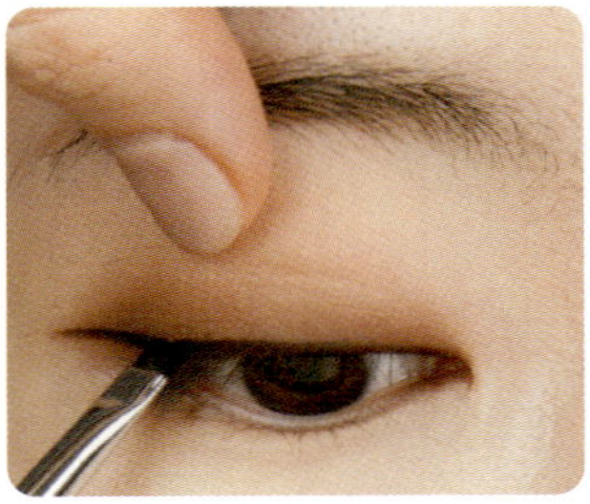

04

브라운 아이라이너(Brown Eyeliner)를 사용하여 선명하게 아이라인을 연출한다. 속눈썹 라인을 따라 점막까지 속눈썹 사이사이를 꼼꼼하게 채워준다.

05

눈가에 정확히 피팅(Fitting)되도록 아이래쉬 뷰러로 속눈썹 눈머리부터 눈꼬리까지 컬링(Curling)을 연출한다.

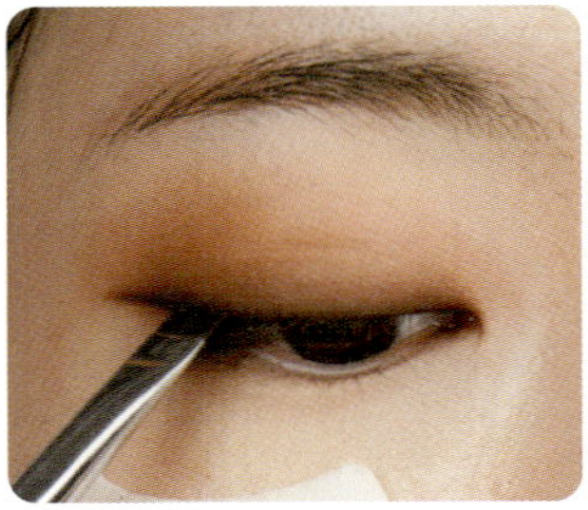

06

제일 진한 브라운 컬러(Dark Brown Color)로 속눈썹 사이사이 꼼꼼하게 채워주면서 아이라인처럼 포인트(Point)를 준다.

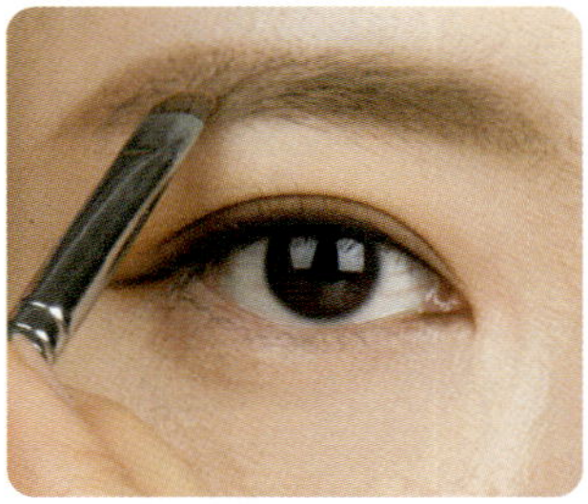

07

따뜻한 브라운 컬러(Warm Browm Color)로 깊고 부드러운 느낌을 주어 피부톤과 잘 어울리게 두 가지 컬러(Two Colors)를 믹싱(Mix)하여 부드러운 아치형 눈썹으로 연출한다.

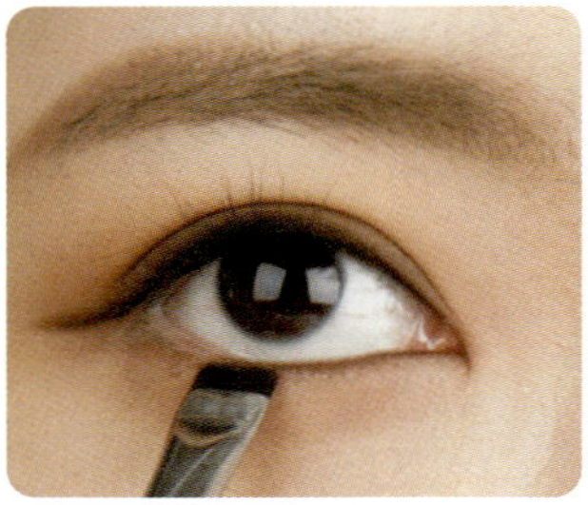

08

연베이지 컬러(Light Beige Color)를 언더 눈동자 중앙부터 언더 꼬리부터 앞머리까지 색을 넣어준다. 제일 진한 브라운 컬러(Dark Brown Color)로 속눈썹 사이사이 꼼꼼하게 채워주면서 포인트(Point)를 잡아준다.

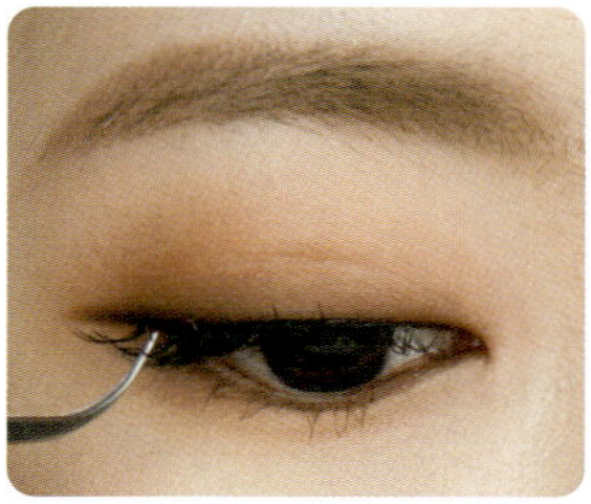

09

인조 속눈썹 11mm 전체적으로 눈매 길이에 맞혀 붙인다.

10

코랄 누드 베이지 컬러(Coral Nude Beige Color)를 브러시(Brush)를 이용해 광대 쪽으로 연출한다. T존 부위와 광대 부위에 하이라이터를 이용해 낮은 콧대를 높아 보이게 연출하고 광대 부위에 원을 그리며 둥글리듯 관자놀이까지 쓸어준다.

11

셰이딩을 넣은 뒤 컨투어 셰이딩(Shading)으로 블렌딩 컨투어링(Blending Contouring)을 더하며 셰이딩(Shading)의 지속력을 높여준다.

12

마른 장미 꽃잎 컬러 립을 펴 바른 후 오렌지 컬러(Orange Color)를 덧발라 블렌딩(Blending)하고 칠리 브릭 컬러(Chili Brick Color)를 입술 안쪽부터 넣어주고 코랄&브릭컬러(Coral & Brick Color)를 입술 중앙 안쪽만 넣어준다. 가을웜톤(Autumn Warm Tone)에 어울리는 브라운 오렌지 립컬러(Brown Orange Lip Color)로 연출한다.

Before

After

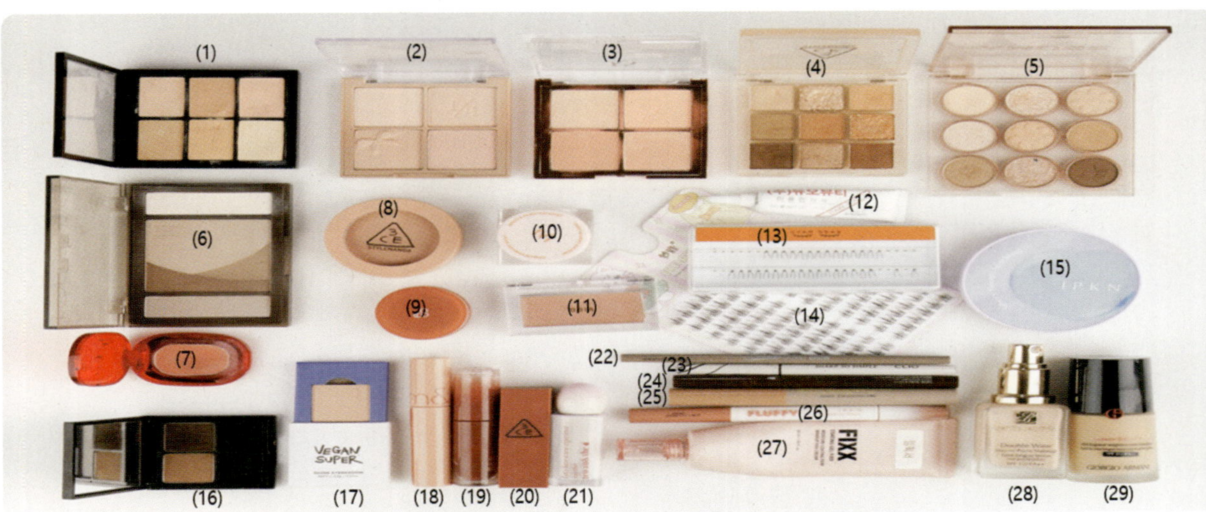

사용제품

(1) 맥 스튜디오 픽스 컨실 앤 코렉트 팔레트 – 라이트 (MAC Studio Fix Conceal and Correct Palette – Light)
(2) 데이지크 블렌딩 무드 치크 – 010 뮤티드 넛츠 (Dasique Blending Mood Cheek – No.010 Muted Nuts)
(3) 입큰 플랩원 치크팔레트 – 레이지 코랄 (IPKN Flap One Cheek Palette – Lazy Coral)
(4) 3CE 멀티 아이 컬러 팔레트 – 버터크림 (3CE Multi Eye Color Palette – Buttercream)
(5) 어뮤즈 아이컬러 팔레트 – 03 데이지 (Amuse Eye Color Palette – No.03 Daisy)
(6) 롬앤 베러댄 컨투어 브러쉬 – 01 뉴트럴 웜 (Rom&nd Better Than Contour Brush – No.01 Neutral Warm)
(7) 아멜리 – 803 누드베이지 (Ameli – No.803 Nude Beige)
(8) 3CE 블러셔 – 누드피치 (3CE Blusher – Nude Peach)
(9) 에이오유 매트 포슬밤 – 01 산호밤 (AOU Matte Fossil Balm – No.01 Coral Balm)
(10) 매드피치 무드 믹스 크림 블러셔 – 뉴트럴 플러쉬 (Mad Peach Mood Mix Cream Blusher – Neutral Flush)
(11) 삐아 – 06 다우니피그 (Bbia – No.06 Downy Fig)
(12) 듀오 블랙 접착제 [라인용] (DUO Black Adhesive [Liner Use])
(13) 깜빡 속눈썹 – 11mm (Kkamppak False Eyelashes – 11mm)
(14) Atopos 인조 속눈썹 가닥 – 캐러멜 브라운 (Atopos Individual False Eyelashes – Caramel Brown)
(15) 입큰 퍼퓸 파우더팩트 – 23호 (IPKN Perfume Powder Pact – No.23)
(16) 토니모리 이지커치 케익 – 1호 네추럴브라운 (TONYMOLY Easy Catch Cake – No.1 Natural Brown)
(17) 비건슈퍼 – M01 아란다 (Vegan Super – M01 Aranda)
(18) 롬앤 쥬시래스팅 틴트 – 22호 포멜로스킨 (Rom&nd Juicy Lasting Tint – No.22 Pomelo Skin)
(19) 페리페라 잉크 무드 글로이 틴트 – 20 당맛도리 (Peripera Ink Mood Glowy Tint – No.20 Tang Matori)
(20) 3CE 무드 레시피 매트 립스틱 – 221 멜로우플라워 (3CE Mood Recipe Matte Lipstick – No.221 Mellow Flower)
(21) 태오앤더 밀키 스밈 틴트 – 02 코코브릭 (Taeo&The Milky Smim Tint – No.02 Coco Brick)
(22) 페리페라 스피디 스키니 브로우 – 9호 토프브라운 (Peripera Speedy Skinny Brow – No.9 Taupe Brown)
(23) 클리오 샤프 쏘 심플 워터프루프 펜슬라이너 – 2호 브라운 (Clio Sharp So Simple Waterproof Pencil Liner – No.2 Brown)
(24) 웨이크메이크 철벽 펜 아이라이너 – 03 다크브라운 (Wakemake Iron Wall Pen Eyeliner – No.03 Dark Brown)
(25) 페리페라 브이 쉐딩 블렌딩 스틱 – 001 내추럴브라운 (Peripera V Shading Blending Stick – No.001 Natural Brown)
(26) 입큰 플러피 듀얼 립펜슬 – 03 버니누디 (IPKN Fluffy Dual Lip Pencil – No.03 Bunny Nudy)
(27) 픽스 – 코팅 젤픽서 (FIX – Coating Gel Fixer)
(28) 에스티로더 더블웨어 파운데이션 – 1W1 본 (Estée Lauder Double Wear Foundation – 1W1 Bone)
(29) 조르지오 아르마니 파운데이션 – 4.5호 (Giorgio Armani Foundation – No.4.5)

4 겨울 쿨 메이크업(Winter Cool Makeup)

겨울 쿨 메이크업((Winter Cool Makeup)은 차가운 날씨와 밝은 조명에서 돋보일 수 있는 메이크업(Makeup)으로, 강렬하면서도 세련된 분위기를 강조한다. 주로 피부는 은은한 광택을 내고 매끄럽게 표현되고, 다크 레드, 베리 컬러, 딥 플럼 등의 컬러를 사용하여 도시적인 분위기를 연출한다. 차갑고 선명한 색상을 사용하여 얼굴 윤곽을 뚜렷하게 살리고, 눈매를 강조하는 메이크업이다.

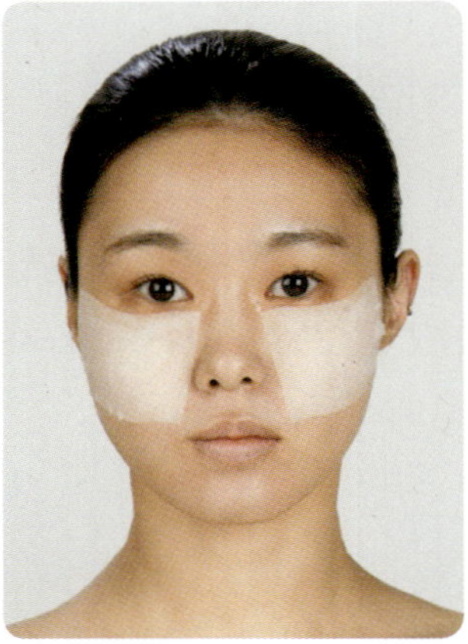

01

토너 패드(Toner Pad) 피부결 정돈, 립 마스크(Lip Mask) 입술에 보습과 생기를 준 뒤, 수분 및 모공개선 앰플(Pore Improvement Ampoule)과 세럼을 얼굴 전체에 두드려 흡수시켜 스킨케어(Skincare)한다.

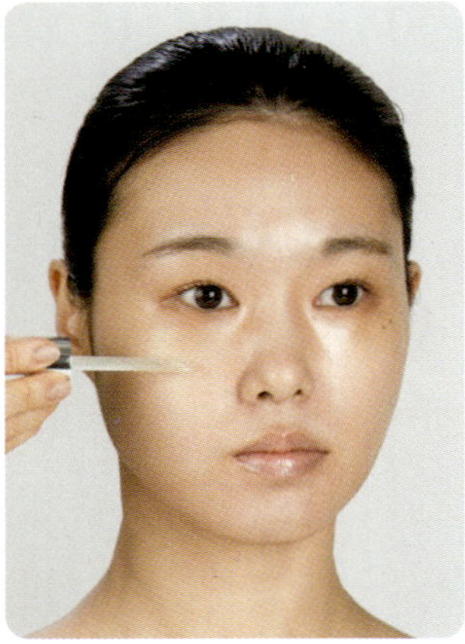

02

앰플(Ampoule), 수분 공급 보호해주는 모공 수분 진정 앰플 세럼(Ampoule Serum)을 피부 전체에 펴발라준다.

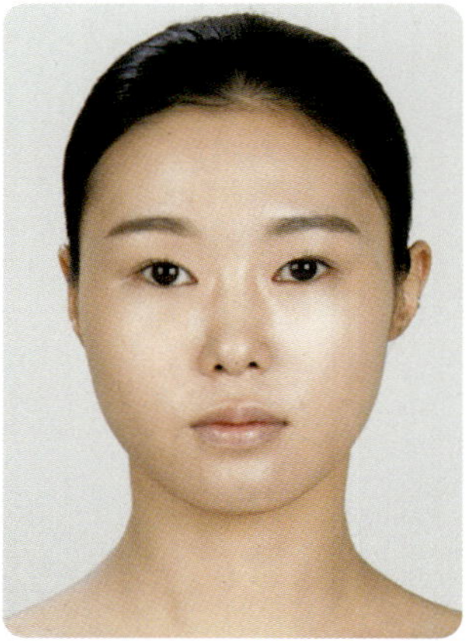

03

컨실러(Concealer)로 잡티와 다크서클(Darkcircles)을 가린 후, 리퀴드 파운데이션(Liquid Foundation)을 브러시(Brush)로 얇게 펴바르고 스펀지(Sponge)로 밀착시켜 맑고 투명한 피부를 완성한다.

04

눈썹은 눈동자 컬러(Color)에 맞추어 두 가지 컬러를 섞어 일자 아치형으로 눈썹모양을 디자인(Design)한다.

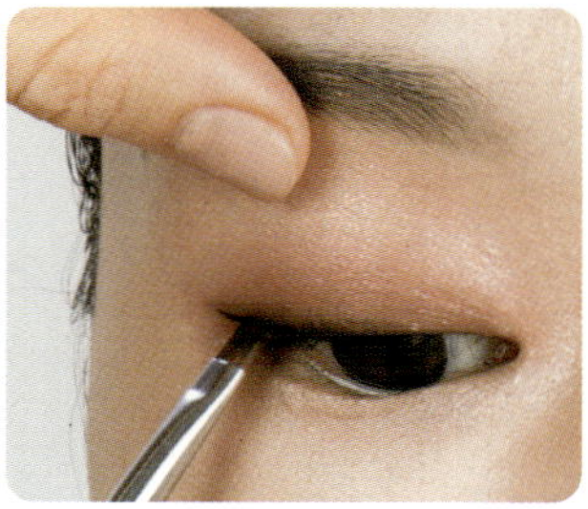

05

버건디(Burgundy)와 네이비(Navy), 그레이(Gray) 등 세련되고 도시적인 이미지 연출이 가능한 컬러(Color)의 팔레트(Palette)를 사용하여 아이 메이크업(Eye Makeup)을 겨울 이미지로 연출한다.

06

블랙 붓펜 아이라이너(Black Brush Pen Eyeliner)를 이용하여 점막을 채워주고, 깔끔한 라인(Line)을 그려 눈매를 또렷하게 연출한다.

07

미세한 글리터(Glitter)를 이용하여 눈밑 애교살을 강조해준다.

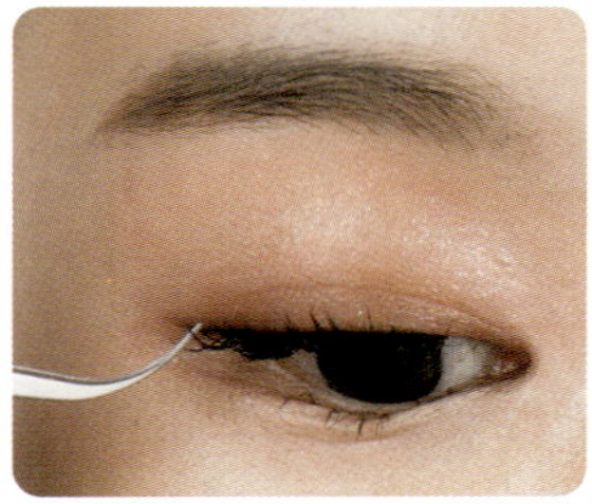

08

가닥 속눈썹을 붙여주어 속눈썹이 자연스러워 보이게 한다.

09

얼굴에 차분하면서 생기를 더해주는 차가운 느낌의 핑크 컬러 블러셔(Cool pink color blusher)를 광대 부분에 발라 세련된 이미지를 연출한다.

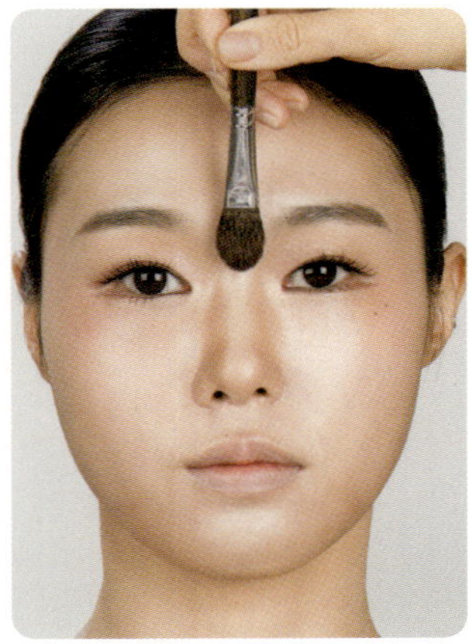

10

T존 부위에 미세한 펄감이 느껴지는 하이라이터(Fine Pearl Highlighter)를 이용하여 콧대를 더욱 높아보이도록 연출한다.

11

뉴트럴한 컬러감의 그레이시한 브라운 컬러 셰이딩(Neutral Color Grayish Brown Color Shading)을 사용하여 얼굴 윤곽을 살려준다.

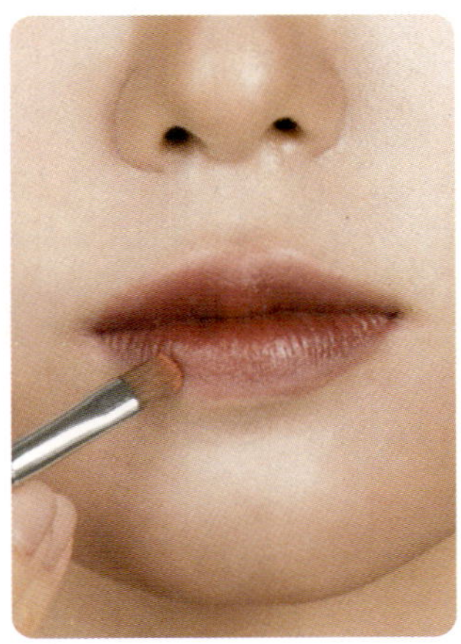

12

톤 다운된 핑크 컬러(Tone Down Pink Color)를 베이스(Base)로 발라준 뒤 채도가 느껴지는 체리와 버건디 컬러 립(Cherry and Burgundy Colored Lips)을 메인(Main)으로 발라 겨울의 차가운 이미지를 완성시켜 준다.

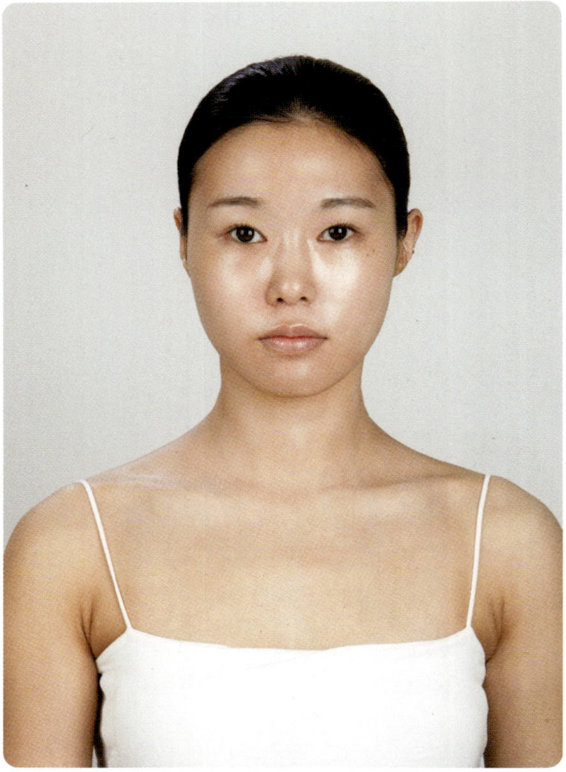

Before

After

사용제품

(1) 홀리카홀리카- 라이프베리즈(HolikaHolika-RipeBbries)
(2) 롬앤베러댄 컨투어 브러쉬 - 02 그레이 쿨(Romand Better Than-Gray Cool)
(3) 토니모리 이지터치 케익 -2호 그레이브라운(TonyMoly Easy Touch Cake- Gray Brown)
(4) 루나컨실러팔레트 -2호 퓨어커버(Luna Concealer Palette - Pure Cover)
(5) 디올 백스테이지 글로우 페이스 팔레트 - 04 로즈 골드(Dior BackStage Glow Face Palette - Rose Gold)
(6) 에뛰드 재창조메이커 쉐딩스틱 - 쿨(Etude Shading Stick - Cool)
(7) 치카이치코 원픽 스키니카라 마스카라01픽싱볼륨(Chica Y Chico One Pick Skinnycara Mascara Fixing Volume0
(8) 머지 더 퍼스트 펜 아이라이너 - 1.오레오(Meezy The First Pen Eyeliner - Oreo)
(9) 롬앤 한올 브로우카라 - 01 그레이스토프(Romand Browcara -)
(10) 듀오풀 투명접착제
(11) 깜빡속눈섭 - 11mm
(12) 에이오유 - 04콜드밤 (A.o.u - Cold Balm)
(13) 크리니크 -헤더팝(Clinque -Heather Pop)
(14) 클라뷰 너리싱 케어 립 마스크팩(Klavuu Nourishing Care Lip Mask Pack)
(15)꾸셀리퀴드피운데이션 -100(Courecells Liquid Foundation)
(16) 달바 비건 워터풀 핑크 톤업 선크림(Dalba Vegan Waterfull Pink Tone Up Sun Cream)
(17) 디올 백스테이지 아이 팔레트 9구 002 스모키 에센셜(Dior Back Stage Eye Palette Smoket Essential)
(18) 3ce 아이스위치 - DOUBLE NOTE(3ce Eye Switch - Double Note)
(19) 에이치블러틴트 -06칠링(A.chi Blur Tint - Chilling)
(20) 트윙클팝 02 앵두베베- Twinkle Pop
(21) 3CE 레이지 팝 립 스테인 -cooles(3ce Lazy Pop Lip Stain - coolest)
(22) 페리페라 스피디 스키니 브로우 마스카라 -5호 피오니애쉬(Peripera Speedy Skinny Brow Mascara - Peony Ash)
(23) 글로우 브리더블 비비 - 화이트(Glow Breathable BB - White)
(24) 글로우브리더블 비비 - 원(Glow Breathable BB -One)
(25) 연작 스킨퍼픽팅 베이스프렙 -(Serial Skin Perfecting Base Prep)
(26) 에뛰드 님프 광채 볼류머 -투명한 물광채(Etude Volumor)
(27) 바닐라코 커버리셔스 세럼 파운데이션 - 19라이트(Banila Co Coverricious Serum Foundation - 19light)
(28) 디올 포에버 스킨 글로우 파운데이션 00.5N(Dior Forever Skin Glow Foundation)

Beauty Make up

03 CHAPTER

영상 메이크업(女)(Video Makeup Woman)

1 드라마 여배우 메이크업(Actress Makeup)

드라마 여배우 메이크업(Drama Actress makeup)은 드라마(Drama) 속 배역 역할마다 이미지(Image)가 다르다. 일반적으로 배우의 피부톤에 맞춰 깔끔하게 피부 표현을 하되, 눈과 윤곽은 뚜렷해 보이도록 연출한다. 하지만 배우는 '드라마 속 역할의 성격'에 맞춰 아이 메이크업, 컬러 등을 바꾸어 표현한다.

ex) 〈태양의 후예〉, 〈나의 해방일지〉, 〈눈물의 여왕〉 등 여러 작품들 중 〈눈물의 여왕〉 '홍혜인 역할'의 메이크업(Makeup for the role of Hong Hye-in)을 참고하여 적용해보자.

모델
신예빈/Insta: @yebin_1006/

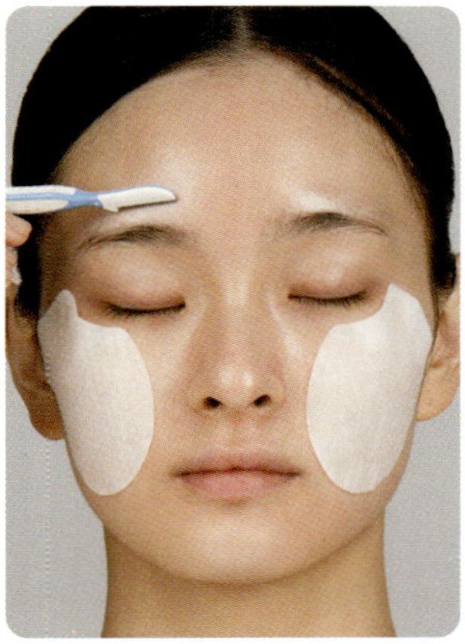

01

토너패드(Toner Pad)로 민감한 피부를 진정시킨다. 눈썹은 배역 역할에 맞는 이미지(Image)로 눈썹 칼을 이용해 자연스럽게 다듬어준다.

02

피부에 앰플 제형인 프라이머(Ampoule Formulation Primer)를 발라 흡수 후에도 건조해지지 않게 피부 수분 충전을 해주고 모공을 커버(Cover)해준다.

03

컨실러 팔레트(Concealer Palette)를 사용하여 다크서클(Darkcircles)을 보완하고 커버력이 좋은 파운데이션(Foundation)을 브러시(Brush)를 이용해 펴바른 후 스펀지를 사용하여 가볍게 밀착시킨다.

04

잡티 및 트러블을 컨실러 팔레트(Concealer Palette)를 이용하여 꼼꼼하게 커버(Cover)한다.

05

가볍게 파우더(Powder) 처리를 하여 유분 케어 및 메이크업 픽싱(Makeup Fixing)을 도와준다.

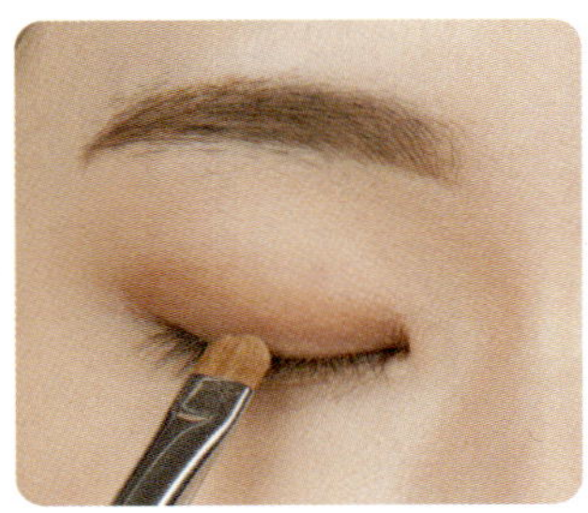

06

라이트 베이지 컬러(Light Beige Color)로 눈두덩이에 베이스(Base)를 발라준 후 뉴트럴 베이직 컬러(Neutral Base Color)를 메인 섀도우로 눈두덩이 전체를 발라준다. 쌍꺼풀 라인의 중간까지 무펄 브론즈 컬러(No Pearl Bronze color)로 깊고 우아한 눈매의 음영을 연출한다.

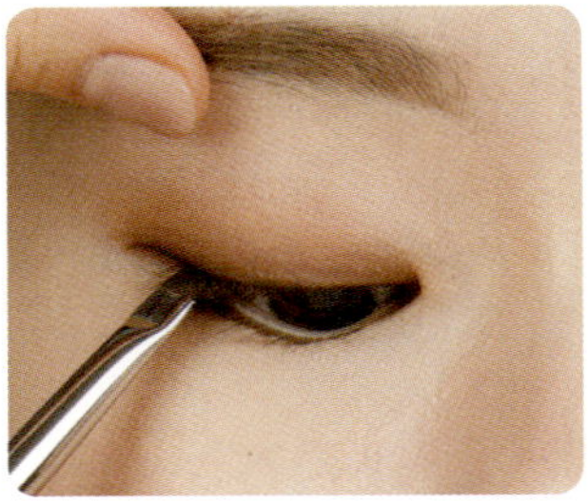

07

제일 진한 브라운 컬러(Deep Dark Brown Color)로 속눈썹 사이사이 꼼꼼하게 채워준 후 딥 브라운 컬러(Deep Brown Color)로 아이라인을 그려준다.

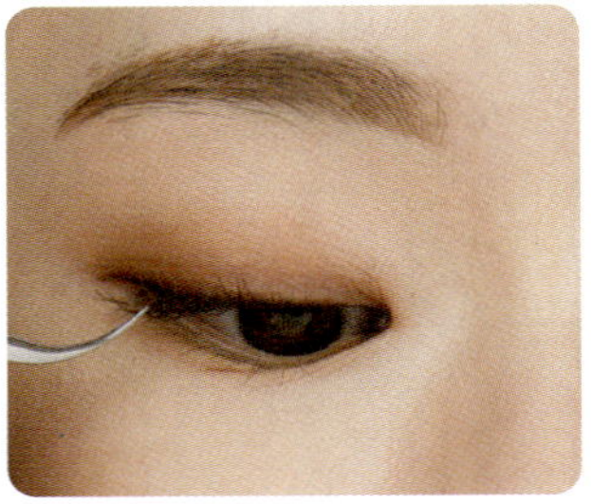

08

인조 가닥 속눈썹을 전체적으로 눈매 길이에 맞춰 붙인다.

09

펄이 살짝 들어간 연베이지 컬러(Light Beige color with a Little Pearl)를 언더 중앙부터 언더꼬리 앞머리까지 색을 넣어준다.

10

밝은 살구 컬러를 브러시(Brush)를 이용해 연출한다.

11

컨투어 셰이딩(Shading)으로 블렌딩 컨투어링(Blending Contouring)을 한다.

12

누디 베이지 오렌지&코랄 컬러(Nude Beige & Orange & Coral Color)로 베이스(Base)를 발라준 후 청순한 베이지&살구 컬러(Pure Beige & Apricot Color)를 그 위에 포인트(Point)로 연출한다.

Before

After

사용제품

(1) 클리오 - 프로 아이팔레트 11호 아늑한 골목산책 (Clio Pro Eye Palette - No.11 Cozy Alley Walk)
(2) 롬앤 베러 댄 컨투어 - 뉴트럴 웜 (Rom&nd Better Than Contour - Neutral Warm)
(3) 시세이도 - 미니 아이래쉬 컬러 뷰러 (Shiseido Mini Eyelash Curler)
(4) 시세이도 - 아이래쉬 컬러 뷰러 (Shiseido Eyelash Curler)
(5) 루나 컨실 블렌더 팔레트 컨실러 - 1호 클리어커버 (Luna Concealer Blender Palette - No.1 Clear Cover)
(6) 디올 백스테이지 글로우 페이스 팔레트 - 4호 로즈 골드 (Dior Backstage Glow Face Palette - No.4 Rose Gold)
(7) 투쿨포스쿨 아트클래스 프로타주 - 1호 샤이닝린넨 (Too Cool for School Artclass Prot□g□ - No.1 Shining Linen)
(8) 부케가르니 엣지 프루프 펜아이라이너 - 2호 딥브라운 (Bouquet Garni Edge-Proof Pen Eyeliner - No.2 Deep Brown)
(9) 페리페라 스피디 스키니 브로우 - 8호 토프 베이지 (Peripera Speedy Skinny Brow - No.8 Taupe Beige)
(10) 페리페라 스피디 스키니 브로우 마스카라 - 5호 피오니애쉬 (Peripera Speedy Skinny Brow Mascara - No.5 Peony Ash)
(11) 페리페라 스피디 스키니 브로우 마스카라 - 3호 네추럴 브라운 (Peripera Speedy Skinny Brow Mascara - No.3 Natural Brown)
(12) 미샤 팔레트 페인트 젤라이너 - 브라운 (Missha Palette Paint Gel Liner - Brown)
(13) 아나스타샤 베버리힐즈 - 토프 (Anastasia Beverly Hills - Taupe)
(14) 꾸셀 - 아이베이스 프라이머 (Couselle Eye Base Primer)
(15) 3CE 페이스 블러쉬 - 누드피치(3CE Face Blush - Nude Peach)
(16) 클라뷰 너리싱 케어 립 슬리핑 팩(Klavuu Nourishing Care Lip Sleeping Pack)
(17) 꾸셀 리퀴드 파운데이션 - 100호 (Couselle Liquid Foundation - No.100)
(18) 달바 비건 워터풀 핑크 톤업 선크림 (d'Alba Vegan Waterfull Pink Tone-Up Sun Cream)
(19) 에뛰드 아이 팔레트 - 최애의 I (Etude Eye Palette)
(20) 레미유모이스트 립블러 틴트 - 04 멜로우 (Remyeu Moist Lip Blur Tint)
(21) 데이지크 크림 드 로즈 틴트 - 레드우드 (Daisy Cream De Rose Tint - Redwood)
(22) 에이치 블러 틴트 - 01 데일 (H Blur Tint)
(23) 미샤 - 노리 터치 보정 마스카라 (Missha - Nori Touch Correction Mascara)
(24) 롬앤 쥬시래스팅 틴트-22호 포멜로스킨(Rom&nd Juicy Lasting Tint)
(25) 코드 - 픽스온 프라이머 (Code - Fix On Primer)
(26) 글로우 브리더블 비비크림 - One (Glow Breathable BB Cream - One)
(27) 연작 스킨 퍼펙팅 베이스 프렙 (Yunjac Skin Perfecting Base Prep)
(28) 조르지오 아르마니 파운데이션 - 4.5호 (Giorgio Armani Foundation)
(29) VDL 파운데이션 - A01 17호 (VDL Foundation - A01 No.17)
(30) 코드 - 픽스온 프라이머 (Code - Fix On Primer)

2 여자 아이돌 메이크업(Girl Idol Makeup)

여자 아이돌 메이크업(Girl Idol Makeup)은 무대 위에서 더욱 돋보이도록 연출하는 메이크업으로, 강한 색조와 극적인 명암 대비를 가진다는 게 특징이다. 피부는 매끄럽고 고급스럽게 표현하되 하이라이트와 셰이딩을 사용하여 '얼굴을 입체적으로' 표현한다. 또한 글리터, 가닥 속눈썹 등의 아이템으로 무대 위에서의 시각적 효과를 극대화하며, '트렌디하고 화려한 이미지'를 강조한다. 조명과 카메라(Camera)를 고려해 일반적인 메이크업(Makeup)보다 색감과 명암 대비가 뚜렷하며 피부 표현, 아이 메이크업(Eye Makeup), 립(Lip)의 포인트(Point)가 핵심 요소이다.

ex) '에스파' 카리나 메이크업(Aespa Karina Makeup)을 참고하여 깔끔하고 청순하면서도 세련된 느낌을 연출해 보자.

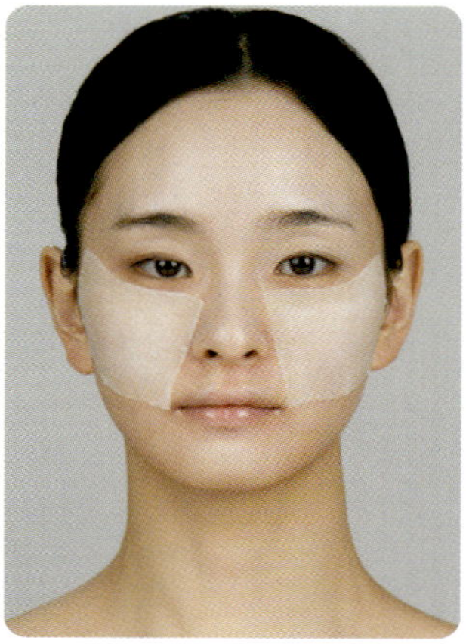

01

토너패드(Toner Pad)로 민감한 피부를 진정시켜 준다. 피부에 앰플 제형인 프라이머(Ampoule Formulation Primer)를 발라 흡수 후에도 건조해지지 않게 피부 수분 충전을 해주고 모공을 커버(Cover)해준다.

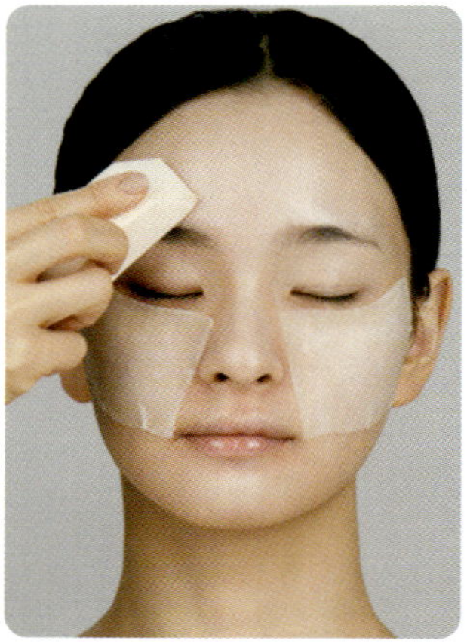

02

컨실러 팔레트(Concealer Palette)를 사용하여 다크서클((Darkcircles)을 보완하고 커버력이 좋은 파운데이션(Foundation)을 브러시(Brush)를 이용해 얇게 펴바른 후 스펀지를 사용하여 가볍게 밀착시킨다.

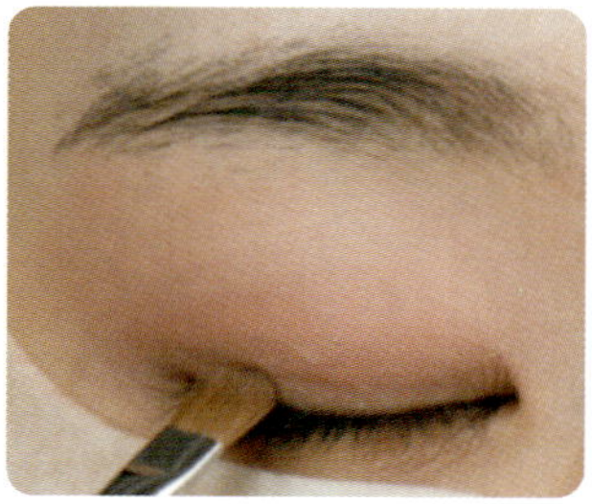

03

따뜻한 피치 브라운컬러(Warm Peach Brown Color)로 눈두덩이에 베이스(Base)를 발라준 후 따뜻한 로즈 브라운&따뜻한 오렌지 브라운 컬러(Warm Rose Brown & Warm Orange Brown Color)를 믹스(Mix)해서 메인 섀도우(Main Shadow)로 눈두덩이 전체 발라준다.

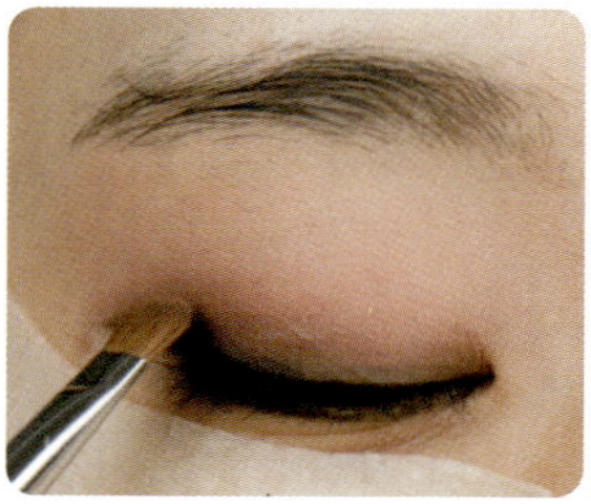

04

블랙 젤 아이라이너(Black Gel Eyeliner)로 아이라인을 그려준 후 블랙 컬러의 섀도우(Black Color Shadow)로 점막 가까이에 블렌딩(Blend-ing)한다. 눈꼬리 부분에 붉은기가 도는 딥한 브라운 컬러(Deep Brown Color with a Hint of Red)로 포인트 컬러(Point Color)를 섬세하게 레이어링하여 자연스럽게 연출한다.

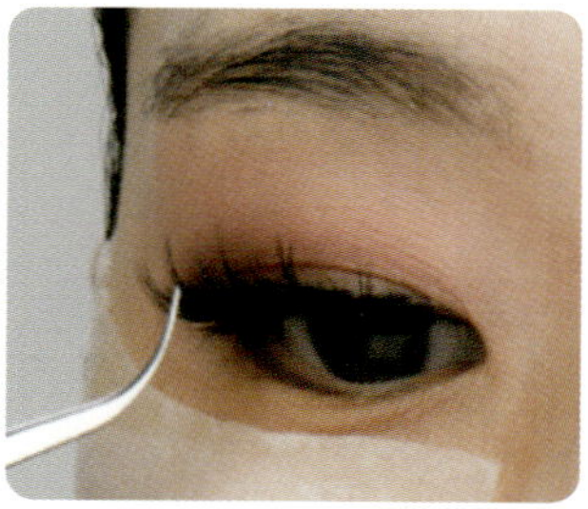

05

가닥 속눈썹을 이용하여 중앙부와 눈꼬리 쪽을 자연스럽게 길게 연출한다.

06

펄이 살짝 들어간 연베이지 컬러(Light Beige Color with a Little Pearl)를 언더 중앙부터 언더꼬리 앞머리까지 컬러(Color)를 넣어준 후 부드러운 브라운 컬러(Soft Brown Color)를 사용하여 눈꼬리 부분은 살짝 길게 빼주어 길고 시원한 눈매를 자연스럽게 연출한다.

07

하이라이터 펜슬(Highlighter Pencil)을 사용해 애교살을 밝혀주고 글리터(Glitter)를 이용해 애교살을 강조시킨다.

08

자연스러우면서도 세련된 아치형으로 눈매를 더욱 또렷하고 시크(Chic)하게 만들어 준다.

09

피치 컬러 크림 블러셔(Peach Color Cream Blusher)를 이용해 연출한다.

10

컨투어 셰이딩(Shading)으로 블렌딩 컨투어링(Blending Contouring)을 더하며 셰이딩(Shading)의 지속력을 높여준다.

11

광대 부분에 은은한 하이라이터(Highlighter)를 더해 자연스러운 입체감을 부여한다.

12

입술 안쪽에 핑크&레드(Pink & Red) 계열의 틴트를 얹은 후 블렌딩(Pink & Red)하여 자연스럽고 청순한 립(Lip)을 연출한다.

Before

After

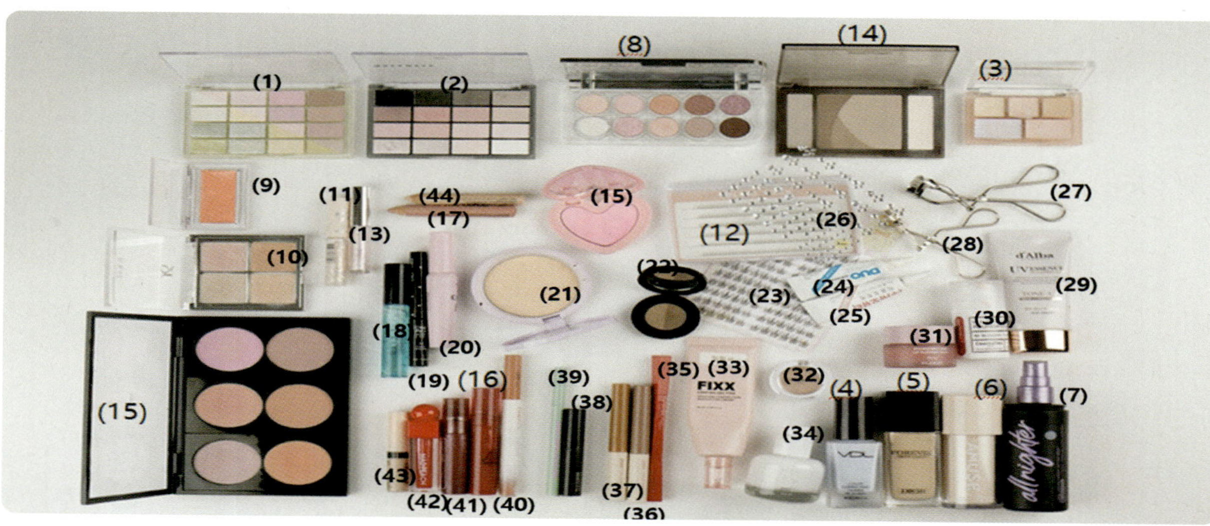

사용제품

(1) 웨이크메이크 소프트 블러링 아이팔레트 - 17라임크러시블러링 (Wakemake Soft Blurring Eye Palette)
(2)웨이크메이크 소프트 블러링 아이팔레트 - 레이지핑크블러링 (Wakemake Soft Blurring Eye Palette)
(3) 루나 컨실러 팔레트 블렌더 - 02호 퓨어커버 (Luna Concealer Palette Blender)
(4) VDL 톤 스테인 컬러 코렉팅 - 03 세레니티(VDL Tone Stain Color Correcting - 03 Serenity)
(5) 디올 포에버 스킨 글로우 파운데이션(Dior Forever Skin Glow Foundation)
(6) 어뮤즈 듀 웨어 파운데이션(Amuse Dew Wear Foundation)
(7) 어반디케이 올 나이터 메이크업 세팅 스프레이 (Urban Decay All Nighter Makeup Setting Spray)
(8) 루미르 라이트 온 아이즈 섀도우 팔레트 - 02 썸머 나잇(Lumir Light On Eyes Shadow
(9) 삐아 레디 투 웨어 다우니 치크 - 02 다우니 피치(BBIA Ready to Wear Downy Cheek)
(10) 입큰 플랩원 페이스 팔레트 - 청담 어라운드 (IPKN Flap One Face Palette)
(11) 데이지크 스탈릿 쥬얼 리퀴드 글리터 - 005라이트피치(Daisyk Starlet Jewel Liquid Glitter)
(12) 블링톡 가닥 속눈썹(Bling Tok Strand Eyelashes)
(13) 롬앤 리퀴드 글리터 - 07 미스틱문(Rom& Liquid Glitter)
(14) 롬앤 베러 댄 컨투어 - 02 그레이 쿨(Rom&nd Better Than Contour - 02 Grey Cool)
(15) 릴리바이레드 러브빔 치크밤 블러셔 - 순수빔 (Lilybyred Love Beam Cheek Balm Blusher)
(16) 3CE 레이지 팝 립 스테인 - COOLEST(3CE Lazy Pop Lip Stain - COOLEST)
(17) 투쿨포스쿨 아트클래스 프로타주 펜슬 - 02 로지 듀(Too Cool for School Art Class Frotage Pencil 02 Rosie Dew)
(18) 에뛰드하우스 오마이 래쉬 마스카라 1호 탑코트(Etude House Oh My Lash Mascara No. 1 Top Coat)
(19) 치카이치코 원픽 스키니카라 마스카라 1호 픽싱볼륨(Chika Ichiko One Pick Skinny Color Mascara No. 1 Fixing Volume)
(20) 에뛰드 컬픽스 마스카라 - 블랙 (Etude Curl Fix Mascara - Black)
(21) 입큰 퍼퓸 파우더팩트 - 23호(IPKN Perfume Powder Pact - 23)
(22) 아나스타샤 버버리힐즈 브로우 파우더 듀오 - 토프 (Anastasia Burberry Hills Brow Powder Duo - Taupe)
(23) 아타락시아 인조 속눈썹 - 002 큐티속눈썹 (Ataraxia artificial eyelashes - 002 Cutie eyelashes)
(24) 듀오 속눈썹 글루 - 흰색 (Duo Eyelash Glue - White)
(25) 듀오 속눈썹 글루 - 블랙 (Duo Eyelash Glue - Black)

(26) 메이크업 큐빅 페이스 스티커 - 실버하트 (Makeup Cubic Face Sticker - Silver Heart)
(27) 시세이도 아이래쉬 컬러 프로 뷰러 (Shiseido Eyelash Color Pro Eyelash Curler)
(28) 시세이도 미니 아이래쉬 컬러 뷰러 (Shiseido Mini Eyelash Color Curler)
(29) 달바 비건 워터풀 핑크 톤업 선크림 (Dalva Vegan Waterful Pink Tone-Up Sun Cream)
(30) 꾸셀 리퀴드 파운데이션 - 100호(Courcel Liquid Foundation - 100)
(31) 클라뷰 너리싱 케어 립 슬리핑 팩 (Klavuu Nourishing Care Lip Sleeping Pack)
(32) 꾸셀 아이베이스 파라이머 (Courcelle Eye Base Paramer)
(33) 쏘내추럴 코팅 젤 메이크업픽서 (So Natural Coating Gel Makeup Fixer)
(34) 브리더블 비비크림 - 화이트 (Breathable BB Cream - White)
(35) 에스쁘아 더브로우 밸런스 펜슬 1호 클래식브라운 (Espoir The Brow Balance Pencil -1 Classic Brown)
(36) 페리페라 스피디 스키니 브로우 마스카라 -2호 다크브라운(Peripera Speedy Skinny Brow Mascara - 2 Dark Brown)
(37) 페리페라 스피디 스키니 브로우 마스카라 - 4호 애쉬브라운(Peripera Speedy Skinny Brow Mascara - 4 Ash Brown)
(38) 토니모리 퍼펙트아이즈 수퍼프루프 아이라이너 - 블랙(Tony Moly Perfect Eyes Super Proof Eyeliner - Black)
(39) 메리몽드 슈퍼트임 펜 아이라이너 - 모브트임 (Merrymonde Super Open Pen Eyeliner)
(40) 입큰 플러피 립 펜슬 - 미닝 피치 (IPKN Fluffy Lip Pencil)
(41) 투쿨포스쿨 끌레어 틴트 - 8 문더스트 (Too Cool For School Claire Tint - 8 Moon Dust)
(42) 매드피치 글로우핏 무드 글로스 - 02 물먹레드 (Mad Peach Glow Fit Mood Gloss)
(43) 더샘 커버 퍼펙션 팁 리퀴드 컨실러 - 아이스베이지 (The Saem Cover Perfection Tip Liquid Concealer - Ice Beige)
(44) 투쿨포스쿨 아트클래스 프로타주 펜슬 - 09 쉬머 누드 (Too Cool for School Art Class Frotage Pencil)

CHAPTER 04 영상 메이크업(男)(Video Makeup(Man))

1 드라마 남배우 메이크업(Actor Makeup)

드라마 남자 배우 메이크업(Actor Makeup)은 과도한 색조보다는 자연스럽고 절제된 메이크업으로, 남성적인 매력을 강조한다. 주로 피부와 입술은 자연스럽게 톤만 보정하고 눈썹과 아이라인을 가볍게 다듬어주며, 아이 메이크업과 셰이딩은 윤곽을 뚜렷하게 만드는 가벼운 수준에서 사용한다. 하지만 배우는 '드라마 속 역할의 성격'에 맞춰 아이 메이크업, 컬러 등을 바꾸어 표현한다. 조명과 카메라(Camera) 앞에서도 '자연스럽게 보이는 결점없는 피부 표현', 얼굴 윤곽 정리 등에 초점을 맞춘 메이크업(make up)이다. 드라마 남자 배우 메이크업(Drama Actor Makeup)은 드라마(Drama) 속 배역 역할마다 이미지(Image)가 다르다.

ex) 〈힘쎈여자 강남순〉, 〈선재 업고 튀어〉, 〈청춘기록〉 등 변우석 배우의 여러 작품들 중 〈선재업고 튀어〉 '류선재 역할'의 메이크업(Makeup for the role of Ryu Seon-jae)을 참고하여 적용해보자.

모델
김영원/Insta: 7Z.ywxn

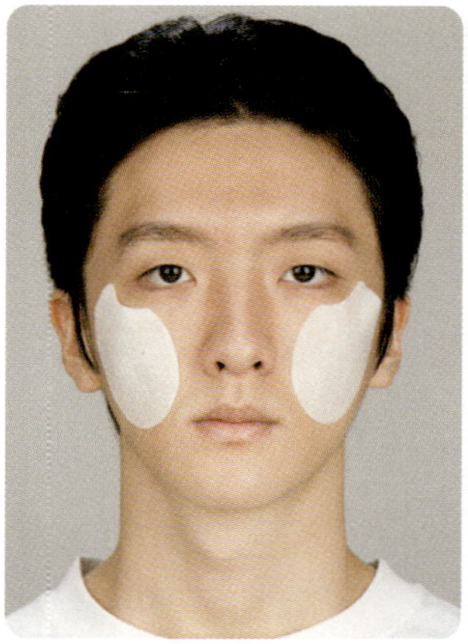

01

기초 스킨케어(Skin Care)는 피부진정을 위해 토너패드(Toner Pad)로 피부를 진정시켜 준다.

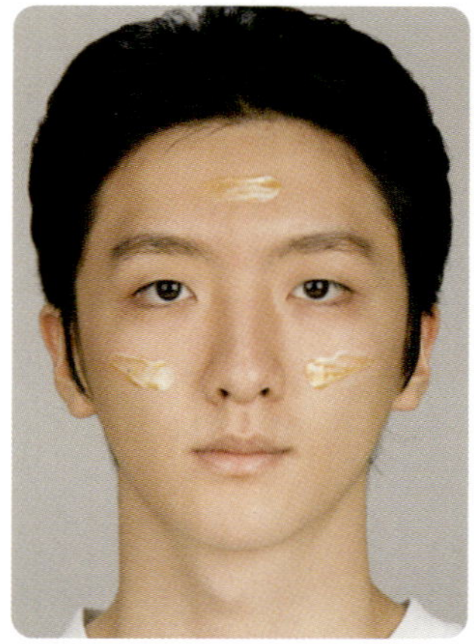

02

자연스러운 피부광을 위해 세럼(Serum)을 얼굴 전체에 도포한다.

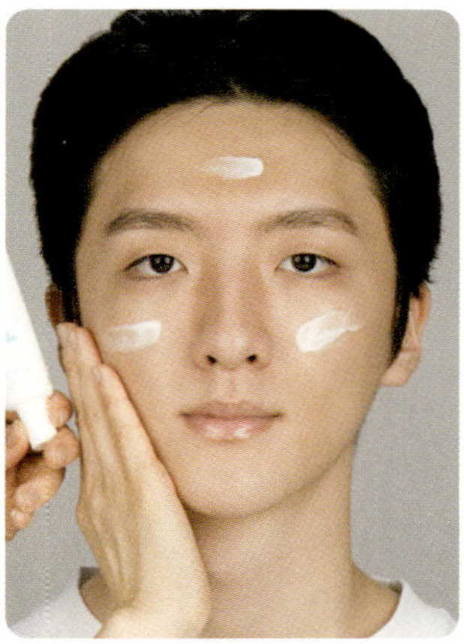

03

프라이머(Primer)는 로션(Lotion)과 비슷한 제품을 사용하여 얼굴 전체적으로 모공 커버(Cover)를 해주고 유지력도 도와준다.

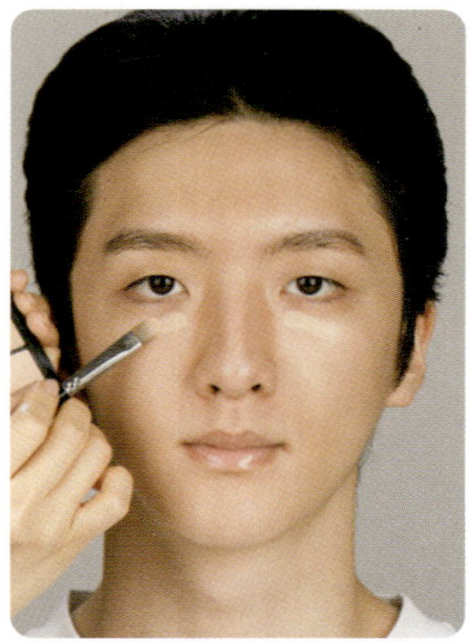

04

다크서클(Darkcircles)을 커버(Cover)해주기 위해 보완해주는 색의 컨실러(Concealer)를 밀착력 있게 펴바른다.

05

피부표현이 두꺼우면 어색해 보이기 쉽다. 리퀴드 파운데이션(Liquid Foundation)을 얇게 펴바른 후 스펀지로 두드리며 밀착시켜 준다.

06

피부 톤(Tone) 보정과 요철, 모공커버를 동시에 할 수 있는 컬러 파우더(Color Powder)를 전체적으로 바른다.

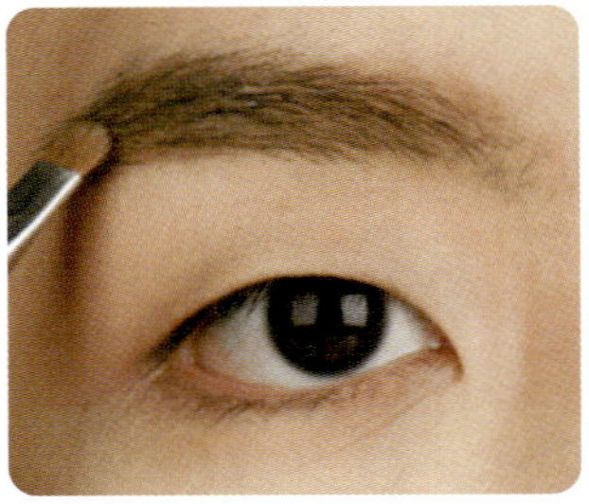

07

아치형 눈썹이 아닌 각진 눈썹으로 디자인(Design)해준다.

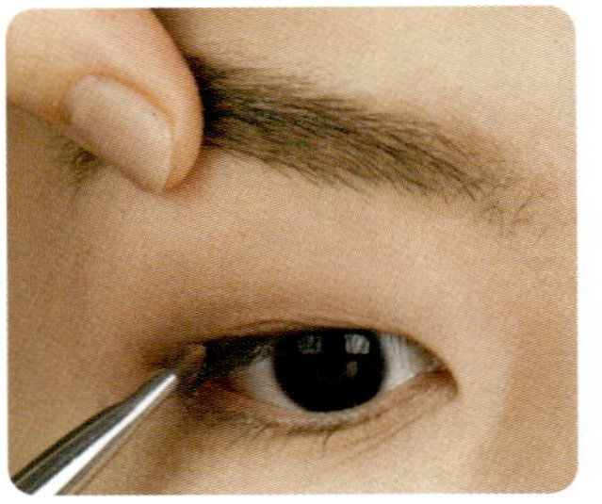

08

배우 메이크업(Makeup)은 주로 음영감이 강조된다. 베이스(Base)와 메인 컬러 섀도우(Main Color Shadow)를 눈두덩이 전체에 펴바른다.

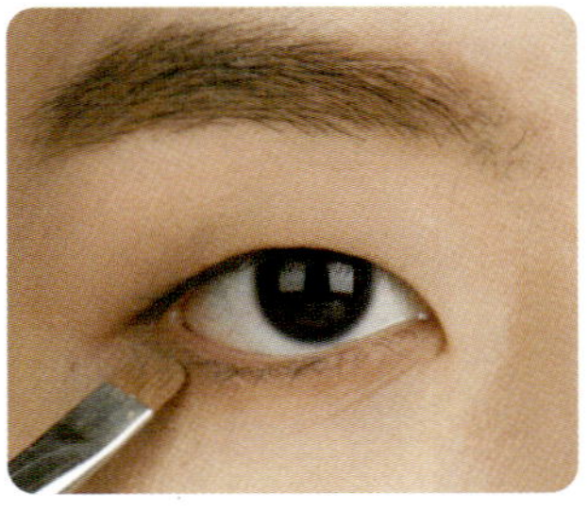

09

포인트 섀도우(Point Shadow)를 사용하여 속눈썹 사이사이를 채워 또렷한 눈매를 연출한다.

10

자연스러운 혈색을 위해 피치 컬러 블러셔(Peach Color Blush)를 광대부터 관자놀이까지 쓸어주듯 펴바른다.

11

사각 턱 부분과 콧대 등 음영감이 필요한 부분에 셰이딩(Shading)을 넣어준다,

12

자연스러운 혈색과 윤기를 줄 수 있는 립(Lip)을 연출한다.

Before

After

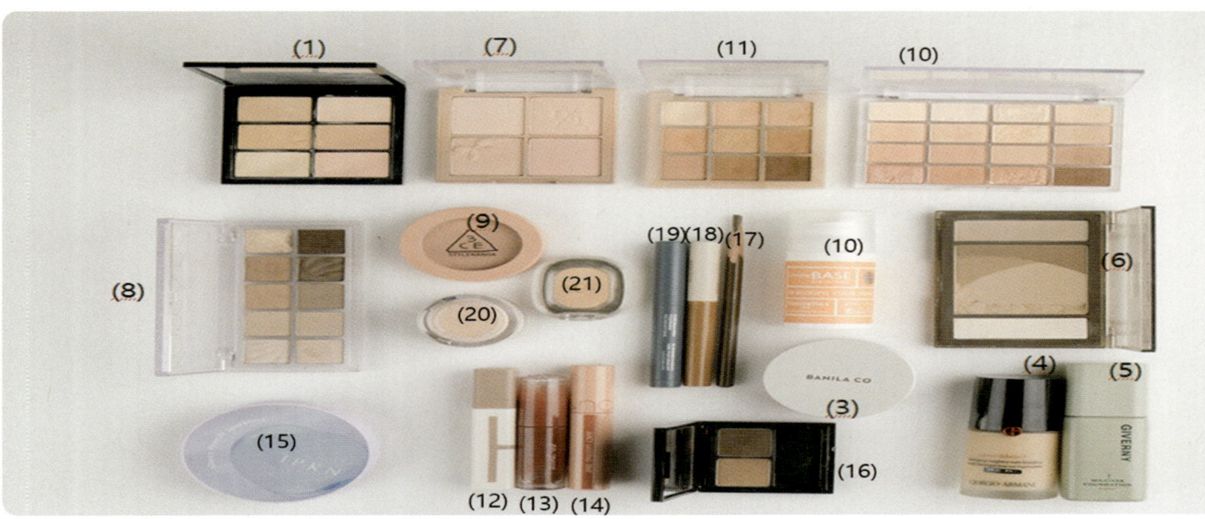

사용제품

(1) 맥 스튜디오 픽스 컨실 앤 코렉트 팔레트 - 라이트 (Mac Studio Fix Consil and Coret Palette-Light)
(3) 바닐라코 - 프라임 프라이머 메이크업 피니쉬 노세범 루스 가루 파우더(Banila Co - Prime Primer Make up finsh No-Sebum Loose Powder)
(4) 조르지오 아르마니 파워 패브릭 플러스 파운데이션(Giorgio Armani power Fabric Plus Foundation)
(5) 지베르니 밀착 커버 파운데이션(Givernu Coner Fondation)
(6) 롬앤베러댄 컨투어 브러쉬 - 01뉴트럴 웜 (Romand Better Than Contour Brush - Neutral Warm)
(7) 데이지크 블랜딩 무드 치크 - 웜블랜딩(Dasique Blanding Mood Chic - Warm Blandig)
(8) 롬앤 베러 댄 팔레트 - 샌디드 브리즈 가든(Romand Better Than Palette - Sanded breeze Garden)
(9) 3CE 무드 레시피 페이스 블러쉬 누드 비치 (3CE Mood Recipe Face Blush Nude Beach)
(10) 웨이크메이크 -7호 소다코랄 블러링(WakeMake - No. 7 Soda Coral Blurring)
(11) 데이지크 섀도우 팔레트 -12 웜 블렌딩(Dasique Shadow Palette -12 Warm Blending)
(12) 에이치 블러틴트-01데일리(H Blur Tint-01 Daily)
(13) 페리페라 잉크 무드 글로이틴트-20당맛도리(Peripera Ink Mood Glow Tint)
(14) 롬앤 쥬시래스팅 틴트-22호 포멜로스킨(Rom&nd Juicy Lasting Tint)
(15) 입큰 퍼퓸 파우더팩트-23호(Big mouth perfume powder pack)
(16) 토니모리 이지커치 케익-1호 네추럴브라운(Tony Moly Easy Touch Cake)
(17) 슈에무라 하드포뮬라-브라운(Shu Uemura Hard Formula - Brown)
(18) 페리페라 스피디 스키니 브로우 마스카라-4호 애쉬브라운(Peripera Speedy Skinny Brow Mascar)
(19) 에뛰드 재창조 메이커 쉐딩스틱-쿨쉐딩(Etude Re-creation Maker Shading Stick)
(20) 글로우-낫 드라이 컨실러 라이트+로지살몬(Glow-Not-Dry Concealer)
(21) 아멜리 스텝베이직 아이섀도-224 리얼스킨(Amelie Step Basic Eyeshadow)

② 남자 아이돌 메이크업(Boy Idol Makeup)

남자 아이돌 메이크업(Boy Idol Makeup)은 무대, 방송, 화보 촬영 등 얼굴을 또렷하고 세련되게 보이도록 연출하는 메이크업(Makeup)이다. 자연스러운 무결점 피부 표현을 기본으로, 콘셉트에 따라 섀도우(Shadow), 아이라인, 립(Lip) 메이크업(Makeup)을 가미해 '다양한 분위기를 연출'하는 것이 특징이다. 사진을 참고하여 분위기 있고 섹시(Sexy)한 이미지(Image)를 연출해보자.

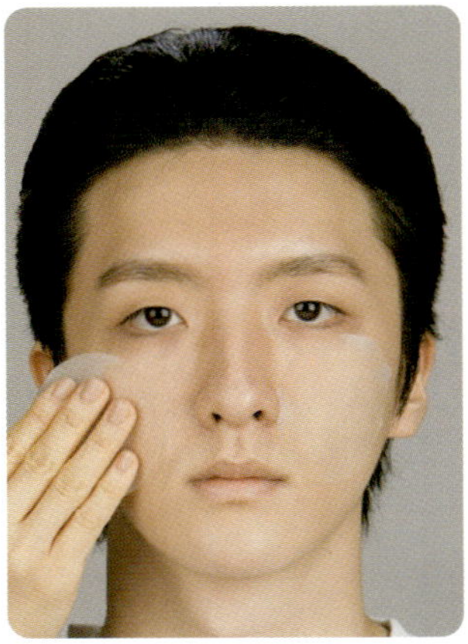

01

기초 스킨케어(Skin Care)는 시카 토너패드(Cica Toner Pad)로 민감 피부를 진정해 준다. 겉은 산뜻하고, 속은 촉촉하게 마무리되는 텍스처(Texture)의 크림(Cream)을 발라준다.

02

블루 컬러 프라이머(Blue Color Primer)로 입체감을 연출하고, 톤 업(Tone-Up)을 시켜준다.

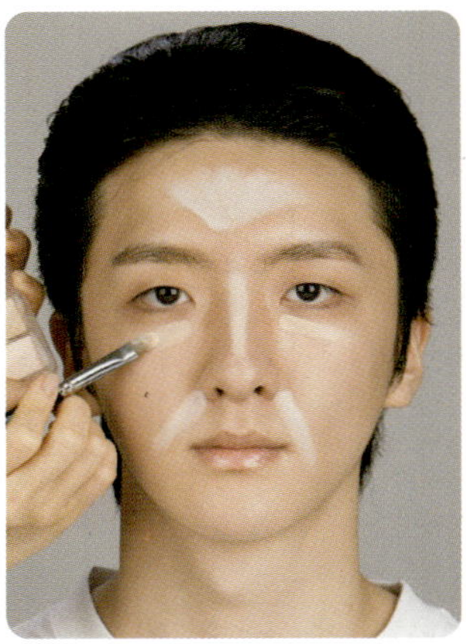

03

다크서클(Darkcircles)을 커버(Cover)하기 위해 핑크(Pink) 색상과 꺼진 부위를 밝혀주는 라이트 핑크(Light Pink) 색상으로 커버(Cover) 해 준다.

04

아이돌 메이크업(Idol Makeup)은 장시간 유지 되어야 하기 때문에 매트(Matte)한 제형의 파운데이션(Foundation)을 사용하여 베이스(Base)를 펴바른다.

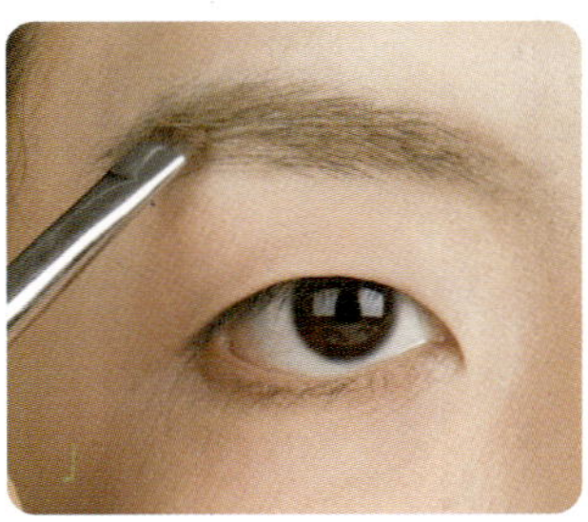

05

음악 장르와 콘셉트(Music Concept)에 맞게 눈썹 모양을 그리되, 여자 메이크업(Woman Makeup)보다 눈썹의 두께감을 살려준다.

06

코랄(Coral) 색상의 크림 블러셔(Cream blusher)나 틴트를 사용하여 눈 밑과 눈 위에 점 찍듯이 바른 후, 브러시(brush)로 치크를 자연스럽게 블렌딩한다.

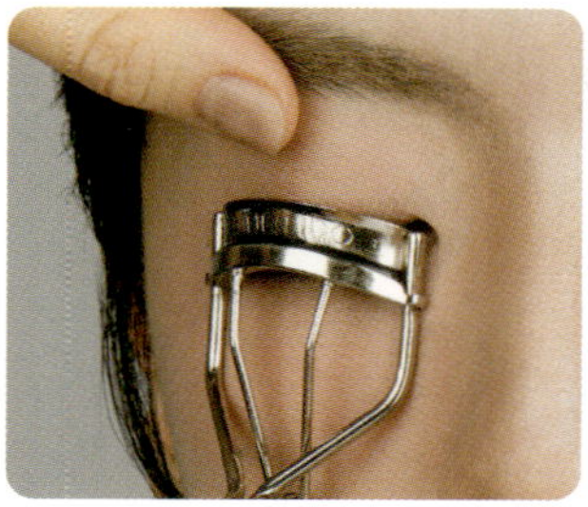

07

뷰러를 사용하여 자연스럽게 속눈썹을 올려준다.

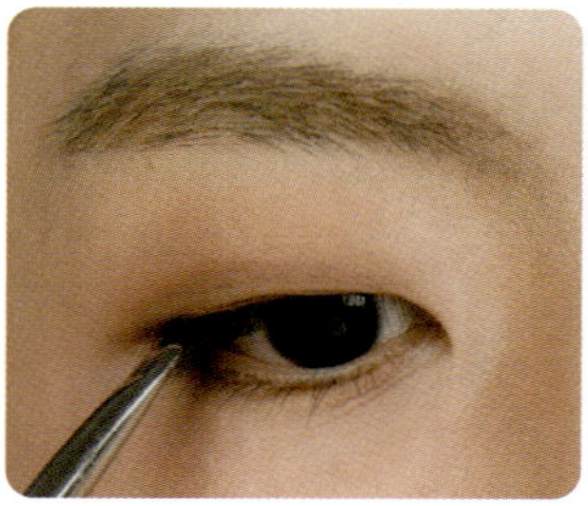

08

눈매가 또렷해 보이도록 음영 컬러(Color)를 사용하여 섀도우(Shadow)를 펴 바른다.

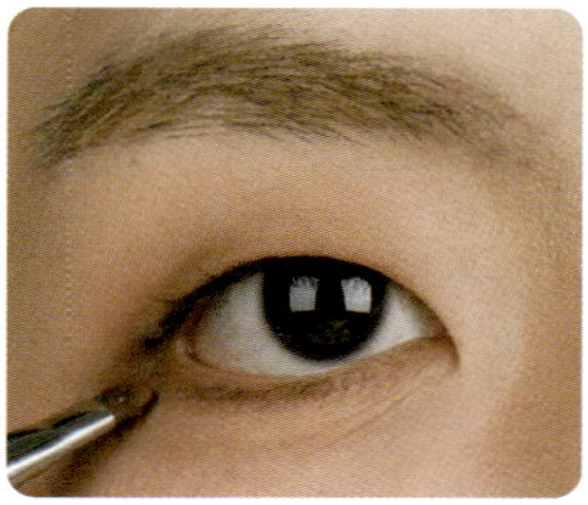

09

언더에도 붉은 빛이 도는 브라운(brown) 컬러(Color)를 사용하여 섀도우(Shadow)를 펴 바른다.

10

지속력을 위해 프레스드 타입 셰이딩(Pressed Type Contouring)을 그 위에 더 해준다.

11

치크 블러셔(Chic Blush)를 이용해 생기 있는 얼굴을 연출한다.

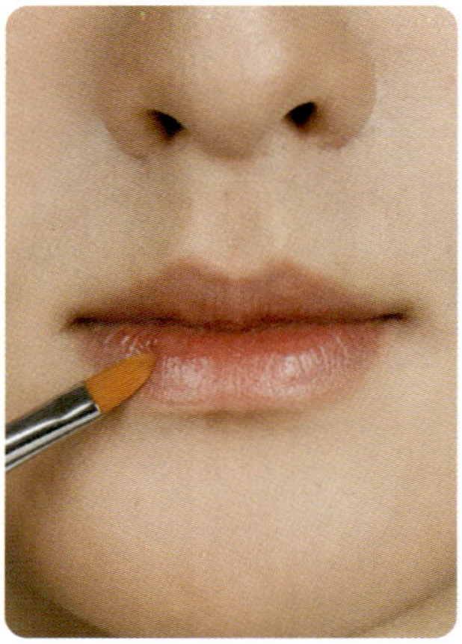

12

강한 조명에도 입술색이 잘 보이도록 핑크 컬러(Pink Color)에 레드(Red)가 가미된 립 컬러(Lip Color)를 입술에 펴 바른다.

Before

After

사용제품

(1) 맥 스튜디오 픽스 컨실 앤 코렉트 팔레트 - 라이트 (Mac Studio Fix Consil and Coret Palette-Light)
(2) 맥블러셔 - 멜바 , 블러쉬베이비 (Mac Blush - Melba , Blushbaby)
(3) 맥 15구팔레트 - 웜뉴트럴 (Mac 15Color Palette - Warm Neutral)
(4) 롬앤베러댄 컨투어 브러쉬 - 01뉴트럴 웜 (Romand Better Than Contour Brush - Neutral Warm)
(5) 꾸셀 - 메이크업베이스 오리지널 (Courcelles - Make up Base Original)
(6) 에스쁘아 프로 테일러 비건 파운데이션 비벨벳 (Espoir Pro Tailor Vegan Foundation Be Velvet)
(7) 연작 스킨퍼펙팅 프로텍티브 페이스프렙 (Series Skin Perfecting Protective Face Prep)
(8) 에뛰드 재창조 메이커 쉐딩스틱-쿨쉐딩 (Etude Reinvention Maker Shading Stick-Cool Shading)
(9) 페리페라 스피디 스키니 브로우 마스카라-4호 애쉬브라운 (Peripera Speedy Skinny Brow Mascara - 4 Ash Brown)
(10) 바닐라코 - 프라임 프라이머 메이크업 피니쉬 노세범 루스 가루 파우더 (Banila Co - Prime Primer Make up finsh No-Sebum Loose Powder)
(11) 어반디케이 올나이터 메이크업 세팅 스프레이 픽서 (Urbandecay All nighter Make up Setting Spray Fixer)
(12) 웨이크메이크 소프트 블러링 아이 팔레트 - 소다 코랄 블러링 (WakeMake soft Blurring Eye Palette - Soda Corral Blurring)
(13) 루나 컨실 블렌더 팔레트 (Luna Comceal Blender Palette)
(14) 슈에무라 하드 포뮬라-02씰 브라운 (Shu Uemura Hard Formula-02 Seal Brown)
(15) 꾸셀 컨실러 펜슬(Courcelle Concealer Pencil)
(16) 입큰 플랩원 치크 팔레트 01 레이지 코랄 (IPKN Flap One Cheek Palette 01 Lazy Coral)
(17) 머지 더 퍼스트 젤 아이라이너-소프트브라운 (Merge the First Gel Eyeliner - Soft Brown)
(18) 입큰 퍼퓸 파우더팩트-23호 (IPKN Perfume Powder Pact- 23)
(19) 코드-픽스온프라이머(Code-FixOnPrimer)
(20) 토니모리 이지커치 케익-1호 네추럴브라운 (Tony Moly Easy Cutch Cake- 1 Natural Brown)
(21) 꾸셀-메이크업베이스 오리지널(Courcel-Makeup Base Original)
(22) 셀퓨전씨-스킨 블레미쉬 밤 인텐시브 비비크림(Cellfusion C-Skin Blemish Balm Intensive BB Cream)
(23) 바닐라코 쉬어 벨벳 베일틴트-PK01발레리나 (Banila Co Sheer Velvet Veil Tint-PK01 Ballerina)
(24) 바닐라코 쉬어 벨벳 베일틴트-02로지어페어 (Banila Co Sheer Velvet Veil Tint-02 Rosier Fair)
(25) 3CE 드롭글로우젤-베리슈얼 (3CE Drop Glow Gel-Verisure)
(26) 피브 컬러 세럼 블러셔-노메이크업 (Fib Color Serum Blusher - Makeup)
(27) 피브 하이퍼 핏 컬러 세럼 블러셔-생기발랄ROSE (FIVE Hyper Fit Color Serum Blusher - Vibrant ROSE)
(28) 더마팩토리 닥터 스킨 리뉴잉 더블 크림 (Derma Factory Doctor Skin Renewing Double Cream)
(29) 글로우 브리더블 비비크림 - one (Glow Breathable BB Cream - one)
(30) 쏘내추럴 메이크업 세팅 멀티 매직 실러 픽서 (So Natural Makeup Setting Multi Magic Sealer Fixer)
(31) 조르지오 아르마니 매트 파운데이션 - 2.5 (Giorgio Armani Matte Foundation - 2.5)

〈스킨케어 제품〉

사용제품

(1) Dr. Stemecl by Derma Factory – 스킨 리뉴잉 더블 크림(Skin Renewing Double Cream)
(2) 온그리디언츠 (Ongredients) – 스킨 배리어 카밍 로션(Skin Barrier Calming Lotion)
(3) 뷰디아니 (Beaudiani) – 시카 앰플 마스크(스킨 카밍 소프트 마스크 패드) (Cica Ampoule Mask – Skin Calming Soft Mask Pad)
(4) 미다 (MIDHA) – 라이스 에센스 패드 (쌀 에센스 패드)(Rice Essence Pad – 60 Pads)
(5) 더 심플 (The Simple) – 데일리 로션 (pH 5.5 마일드 케어)(Daily Lotion – pH 5.5 Recipe for Mild Care)
(6) 바이이컴 (BY ECOM) – 그린 토마토 포어 리프팅 앰플 플러스(Green Tomato Pore Lifting Ampoule+)
(7) 바니 (VANI) – 글로우 너리싱 크림 (안티링클 케어)(Glow Nourishing Cream – Anti-Wrinkle Care)
(8) 나드 (Nard) – 딥 모이스처 포어 토너 (히말라얀 네이처)(Deep Moisture Pore Toner – Skin Therapy Himalayan Nature)

에필로그

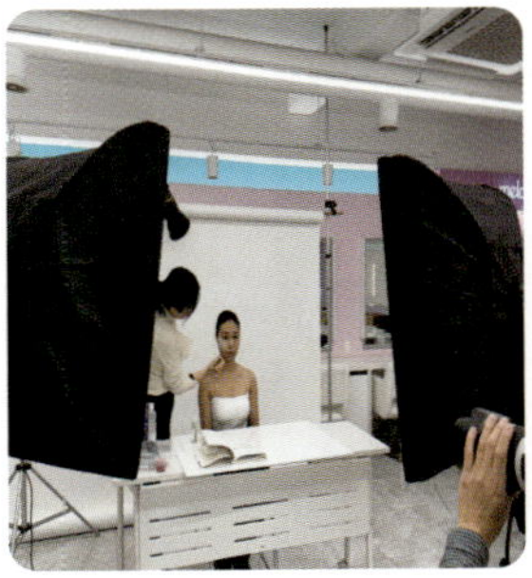

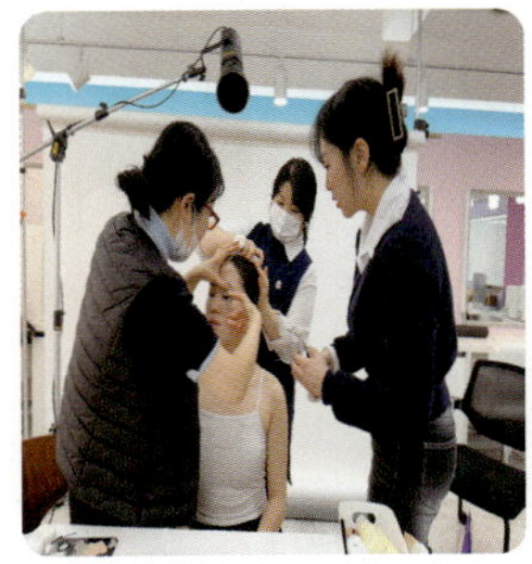

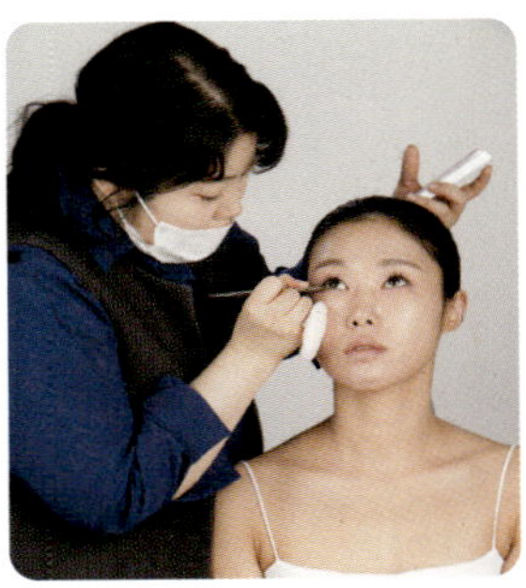

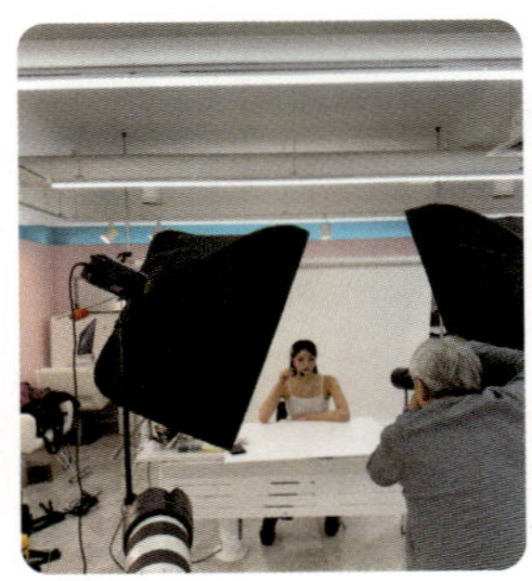

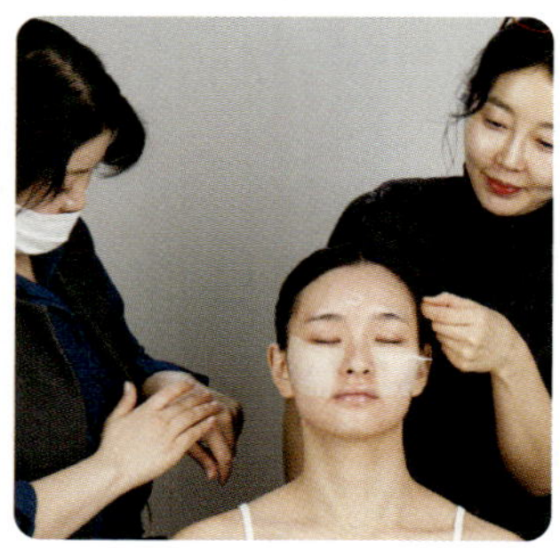

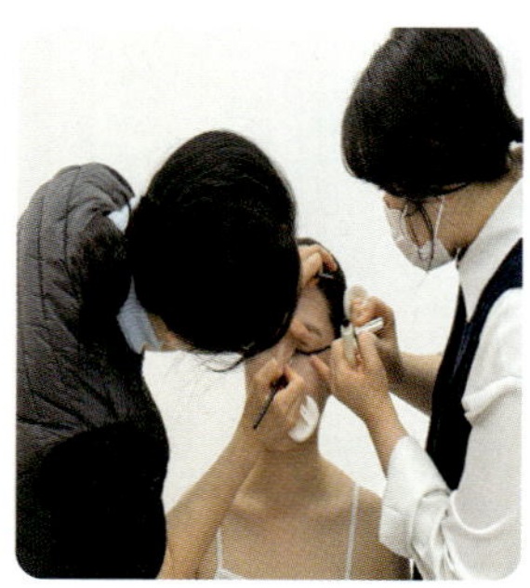

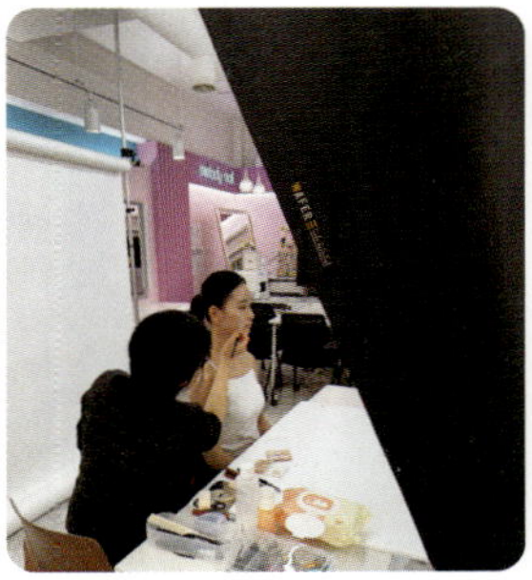

부록

K BEAUTY

MAKEUP

BASIC

Beauty Make up

CHAPTER 01 뷰티 전문 용어

ㄱ

- 가닥 속눈썹(Individual Lash): 한 가닥, 또는 두세 가닥씩 한 올을 이루는 형태의 인조 속눈썹으로 핀셋으로 가닥가닥 붙여준다.
- 가모(假毛): '가짜 털'이라는 뜻으로 속눈썹 연장이나 수염 분장에서 사용하는 인조 털의 종류를 말한다.
- 가시광선(可視光線, Visible Light): 사람의 눈으로 볼 수 있는 빛의 영역으로 파장 범위는 380~800나노미터(nm)이다.
- 관능적(官能的, sensual) : 성적인 감각을 자극하는 것을 뜻한다.
- 광노화(光老化, Skin Photoaging): 자외선을 자주, 많이, 오랜 기간 쪼여서 피부에 주름이 생기고 탄력이 떨어지며 색소 침착이 일어나는 현상을 말한다.
- 건성 피부(Dry Skin): 피지선과 한선의 기능 저하로 피지량과 땀이 적어 건조한 피부이다.
- 견진(見診): 육안 또는 기구를 사용하여 관찰하여 진단하는 것으로 피부분석 방법 중 하나다.
- 경연감(硬軟感): 단단하거나 부드러운 느낌을 뜻하며 고명도·저채도의 색은 저명도·저채도의 색보다 부드럽게 느껴진다.
- 고객응대 서비스(Customer Response Service): 고객을 직접 대면하거나 비대면(전화, 서면, 인터넷 등의 응대)으로 응대하고 서비스를 제공하는 것이다. 신규고객을 맞이하거나 상품을 판매하고 서비스를 제공할 수 있으며, 불만 고객(不滿顧客)을 응대하는 등 다양한 업무가 포함되며 서비스 마인드가 필수적이다.
- 그라데이션 배색(Graduation): '점진적인 배색'의 의미로, 3색 이상의 색이 색상, 명도, 채도 또는 톤의 일정한 변화를 통해 단계적으로 배색하는 것이다.

- 그레이시 톤((grayish, gy): 회색에 색상이 가미된 톤으로 중명도, 저채도의 색이다.
- 글로시한 질감(Glossy Texture): 광이 나고 화려한 질감을 뜻하며, 피부에 윤기와 촉촉함을 더해 생기 있는 이미지를 연출하는 기법이다.
- 글리터(Glitter): 반짝반짝 빛나는 질감이나 장식용 반짝이를 뜻한다. 아이 메이크업 또는 판타지 메이크업 등에서 활용된다.
- 기초화장품(基礎化粧品): 피부 손질에 쓰는 화장품을 통틀어 이르는 말로 로션, 크림, 스킨로션 등이 이에 해당한다.
- 기하학적(幾何學, Geometry): 원, 타원, 직사각형 따위에 도형(圖形)을 활용하거나 기하학에 바탕을 둔 것을 말한다.

ㄴ

- 난색(暖色): 빨간색, 노란색 계통의 색으로 따뜻한 느낌을 주는 색이다.
- 내추럴 이미지(Natural Image): 인위적인 느낌이 없이 자연스러운 이미지를 내추럴 이미지(Natural)라 한다.
- 노화 피부(Aging Skin): 나이가 들어감에 따라 피부의 탄력이 점차 떨어지면서 주름이 생기고 처지게 된 피부를 말한다.
- 농장(濃粧): 화장(化粧) 용어로 담장보다 짙은 색조화장을 말한다.
- 눈썹 가위(Eyebrow Scissor): 눈썹을 잘라 눈썹 모양을 정리하거나, 인조속눈썹을 다듬거나 자를 때 사용하는 도구이다.
- 눈썹산(눈썹山, Eyebrow Arch): 눈썹에서 가장 높게 올라간 부분으로 눈동자의 바깥쪽 연장선과 눈썹의 이마 쪽 바깥 점이 만나는 부분을 기준점으로 잡는다.
- 눈썹 칼(Eyebrow Knife): 눈썹 주변의 잔털을 정리하거나 눈썹 모양을 다듬을 때 사용하는 도구이다.
- 뉴트럴 톤(Neutral Tone): 중성 색조라는 의미로 흰색, 회색, 검정색 등의 무채색을 의미하는 용어이다. 패션, 뷰티 산업에서는 과하지 않고 조화롭게 어우러지는 저채도의 색을 의미하기도 한다.
- 뉴트로(Newtro): New(새로운)과 Retro(복고풍의)를 합친 신조어로 주로 젊은층 사이에서 현대적으로 즐기는 레트로 문화를 일컫는다.

ㄷ

- 다크 그레이시 톤(dark grayish, dkgy): 검정에 가까운 저명도의 회색기가 감도는 색으로 중후하고 남성적인 이미지를 가진다.
- 다크서클(Dark Circles): 눈 밑 지방이나 색소 침착 등으로 인해 눈 아랫부분이 거무스름하게 그늘져 보이는 현상이다.
- 다크 톤(dark, dk): 어둡고 무거운 색조로 클래식, 모던, 매니시 이미지 등 어두운 색이 필요한 이미지에 어울린다.
- 담장(淡粧): 화장(化粧) 용어로 피부를 희고 깨끗하게 가다듬는 정도의 엷은 화장을 말한다.
- 대조색상(對色相, Contrast) 배색: 색상환에서 반대편 또는 대각선에 위치한 색들을 조합하여 색감이 선명하게 드러나면서 강렬하고 화려한 인상을 주는 배색 방법으로 콘트라스트 배색이라고도 부른다.
- 덜 톤(dull, dl): 순색에 회색을 가미하여 만든 색으로 차분하고 고상한 이미지에 활용된다. 가을 계절에 잘 어울리는 색이다.
- 동안(童顔) 메이크업: 원래의 나이보다 어려 보이게 하는 화장법으로 이마가 넓고 중앙부가 짧아 보이게 메이크업하는 것이 특징이다.
- 동일색상(同一色相, Identity Color) 배색: 하나의 색상 또는 동일 계열의 색상을 사용하여 다양한 톤을 변화시켜 조화를 이루는 배색 방법이다. 톤온톤 배색(Tone on Tone)이라고도 부른다.
- 디스코(Disco): 1970년대 미국의 나이트클럽에서 등장한 댄스음악으로 음악, 춤, 영화, 패션, 미용 산업 등에 큰 영향을 미쳤다.
- 딥 톤(deep, dp): 비비드 톤이 약간 어두워진 톤으로 고채도의 강하고 진한 색이다.

ㄹ

- 라이트 그레이시 톤(light grayish, ltgy): '밝은 회색'의 색조라는 뜻으로 밝은 회색에 색상을 섞어 만든 색이다.
- 라이트 톤(light, lt): 순색에 소량의 흰색이 혼합된 밝고 채도가 높은 색으로 젊고 발랄한 캐주얼 이미지에 적합하다.

- 레이어드 룩(Layered Look): 옷을 여러 겹으로 껴입는 것으로 격식에 매이지 않고 각자의 개성에 맞게 갖춰 입을 수 있다.
- 레트로 메이크업(Retro Makeup): 옛 유행의 요소들을 다시 재해석하여 복고(復古)풍으로 응용하는 메이크업 기법이다.
- 레페티션 배색(Repetition): '반복 배색'의 의미로, 2색 이상의 색채를 반복하여 표현하는 배색을 말한다.
- 로맨틱 이미지(Romantic Image): 여성스럽고 사랑스러운 이미지를 로맨틱 이미지라 한다.
- 로션(Lotion): 피부에 수분을 주어 피부 표면을 다듬는 기초화장품으로 유·수분 밸런스를 맞추어 주며 피부에 흡수가 빠르고 사용감이 가볍다.
- 로큰롤 룩(Rock 'n' Roll): 1950년대에 미국에서 발생한 대중음악으로 흑인 특유의 리듬 앤드 블루스와 백인의 컨트리 음악의 요소를 곁들인 강한 비트의 열광적인 음악이다. 음악, 춤, 영화, 패션, 미용 산업 등에 큰 영향을 미쳤다.
- 롱래시 마스카라(Long Lash): 나선형 형태의 솔에 섬유소가 들어있는 마스카라 액으로 속눈썹을 길어 보이게 연출할 수 있다.
- 루스 룩(Loose Look): 큼직하고 넉넉하게 입는 패션 스타일을 말한다.
- 루스 파우더(Loose Powder): 가루 상태로 만든 화장용 분(粉)이다.
- 리퀴드 타입(Liquid Type): 액체의 제형으로 수분이 많이 포함된 메이크업 제품을 뜻한다.
- 립라이너(Lip Liner): 화장을 할 때 입술을 좀 더 뚜렷하게 보이기 위해 윤곽을 그리는 도구이다.
- 립스틱(Lipstick): 화장할 때 입술에 바르는 막대 모양의 연지이다.
- 립 글로스(Lip gloss): 입술에 영양과 윤기를 주는 화장품으로 립스틱 위에 바르거나 입술에 직접 바른다.
- 립 브러시(Lip Brush): 립스틱을 묻혀서 입술에 바르는 화장용 가느다란 붓이다.
- 립&아이 리무버(Lip&Eye Remover): 입술과 눈화장 등 포인트 메이크업을 지우는 클렌징 제품이다.
- 립 틴트(Lip Tint): 묽은 리퀴드 계열의 제품으로 입술에 색소가 스며들며 자연스럽게 착색되어 지속력이 좋다.

ㅁ

- 마스카라(Mascara): 속눈썹을 길고 풍성하며 짙게 표현하여 눈을 아름답게 표현하는 화장품이다.
- 매니시 이미지(Mannish Image): 남성복 디자인 또는 남성적인 이미지를 여성 이미지에 적용한 것을 뜻한다.
- 매트한 질감(Matt Texture): 수분과 유분기를 제거하여 윤·광택이 나지 않는 무광(無光)의 질감을 뜻한다.
- 멀티 밤(Multi Balm): 하나의 제품으로 여러 가지 뷰티 제품의 효과를 볼 수 있는 밤(Balm) 제형의 스틱형 화장품이다.
- 멀티컬러 배색(Multi-color): 고채도의 다양한 색상을 활용하는 '다색상 배색'으로 리듬감 있는 액티브한 느낌을 주고, 귀여움, 화려함을 표현할 수 있다.
- 면봉(Cotton Bud): 끝에 솜을 말아 붙인 가느다란 막대로 메이크업 제품을 바르거나 수정할 때 사용한다.
- 명도(明度, Value): 색의 밝고 어두운 정도를 말한다.
- 명시성(明視性): 두 가지 이상의 색 · 선 · 모양을 대비시켰을 때, 먼저 눈에 뜨이는 성질을 말한다. 색의 명도차가 크면 명시성이 높아지며, 가장 명시성이 높은 배색은 검정색과 노란색의 배색이다.
- 메이크업(Makeup): 화장(化粧)을 의미하며 사전적 의미로는 "제작하다", "보완하다"라는 뜻으로 이는 다양한 화장품과 도구를 사용하여 얼굴 또는 신체의 결점을 수정·보완하고 장점을 부각하여 개성 있고 아름답게 꾸미고 매만지는 모든 행위를 말한다.
- 메이크업 베이스(Makeup Base): 피부표현 메이크업의 가장 기초적인 단계로 파운데이션을 하기 전 단계를 말한다.
- 모더니즘(Modernism): 1920년대 일어난 근대적인 예술 감각으로 사상, 형식, 문체 따위가 전통적인 기반에서 급진적으로 벗어나려는 창작 태도를 말한다. 과학이나 합리성을 중시하고 도시적인 현대풍을 추구하는 특징이 있다.
- 모던 이미지(Modern Image): 도시적이고 현대적인 이미지이다.
- 무대 메이크업(Stage Makeup): 무대 예술에서 등장인물의 역할이나 성격을 정확하게 관객에게 전달하기 위하여 연기자에게 연출하는 메이크업이다.

- 무성영화(無聲映畫, Silent Film): 초기의 영화 형태로 녹음된 소리나 대사가 없이 영상만으로 만들어진 영화를 말한다.
- 무채색(無彩色), Achromatic Color): 색상과 채도는 느낄 수 없고, 명도의 차이만 있는 색이다.
- 문진(問診): 피부분석 방법의 하나로 고객에게 피부에 관한 다양한 정보를 질문하여 피부의 상태를 분석하는 방법이다.
- 물광 메이크업(Moist Texture): 물기가 있어 젖은 듯한 촉촉한 질감의 메이크업 표현을 말한다.
- 미니스커트(Mini Skirt): 길이가 짧은 치마의 한 종류로 일반적으로 무릎 위로 한 뼘 정도 올라와서 허벅지를 보인다. 본격적인 유행은 1960년대에 나타났다.
- 미디어 메이크업(Media Makeup): 대중매체에 등장하는 인물의 역할이나 성격을 정확하게 전달하기 위하여 연기자 또는 출연자에게 연출하는 메이크업이다.
- 미용(美用): 화장(化粧) 용어로 얼굴에 치장하는 행위를 말한다.
- 민감성 피부(Sensitive Skin): 피부가 매우 얇거나 면역 저하로 햇빛, 바람, 미세먼지 등의 외부 자극과 화장품 등에 예민하게 반응하는 피부이다.

ㅂ

- 바디페인팅(Body Painting): 사람의 몸에 칠하거나 그림을 그리는 예술 행위의 일종으로 분장의 한 종류이다.
- 배색(配色): 두 가지 이상의 색상을 잘 어울리도록 배치하는 것이다. 색상, 명도, 채도, 톤의 배치에 따라 다양한 배색 기법이 있다.
- 백광(白光, White Light): 태양 빛처럼 각 파장의 빛이 적당한 비율로 합쳐진 빛으로 하얀빛을 뜻한다.
- 번트 컬러(burnt color): 라이트 레드보다 더욱 진한 색조의 적색으로 구운 시에나와 같은 어두운 황갈색을 뜻한다.
- 베이스 메이크업(Base Makeup): 색조 화장이 잘되도록 피부를 매끄럽게 정리하는 피부표현 메이크업을 말한다.
- 베이스 컬러(Base): 바탕색 또는 밑색을 뜻하며, 눈화장 또는 피부표현 메이크업 시 전체에 발라주는 색상이다.

- 보색(補色, Complementary Color): 다른 색상의 두 빛깔이 섞여 하양이나 검정이 될 때, 이 두 빛깔을 서로 이르는 말로 색상환에서 서로 반대에 위치해 있다.
- 복고(復古, Retro): 과거의 모양, 정치, 사상, 제도, 풍습 따위로 돌아가는 것으로 대중문화에서는 옛 유행의 요소들이 다시 유행하게 되는 현상을 말한다.
- 복합성 피부(Combination Skin): 피부 부위에 따라 피지선과 한선(汗腺)의 불균형으로 다양한 피부 유형이 복합적으로 나타나는 피부이다.
- 볼드 립 메이크업(Bold Lip Makeup): 입술을 도톰하게 강조하는 대담한 메이크업 기법으로 레드, 버건디 등의 컬러를 사용하여 도톰하고 육감적인 입술을 표현하는 것이다. 아웃커브 립라인을 그리거나 볼륨감을 주는 립 제품인 립 플럼핑(Lip Plumling)품을 활용하기도 한다.
- 볼륨 마스카라(Volume Mascara): 촘촘하고 굵은 통통한 형태의 솔이 내장된 마스카라로 속눈썹의 숱을 풍성하게 보이게 한다.
- 분광(分光): 빛이 파장의 차이에 따라서 여러 가지 색의 띠로 나누어지는 것이다.
- 붓펜(Brush Pen): 붓펜 형태의 리퀴드 제형의 화장품으로 아이라이너, 아이브로 제품 등에서 자주 활용된다.
- 뷰러(Viewer): 속눈썹에 컬을 만드는 도구로 아이래시컬러(Eyelashes Curler)라고도 한다.
- 뷰티 크리에이터(Beauty Creator): 뷰티(Beauty) 관련 정보를 알리는 창작자라는 의미로 온라인 매체의 발달에 따라 나타난 직무이다. 뷰티 인플루언서(Beauty Influencer)라 부르기도 한다.
- 블랙키시 톤(blackish, bk): KS 톤에서 가장 저명도·저채도의 색으로 검정에 가까운 무게감이 느껴지는 톤이다.
- 블러셔(Blusher): 얼굴의 혈색이 좋아 보이도록 볼에 바르는 볼연지 화장품을 총칭하는 것으로 치크 메이크업(Cheek Makeup)이라고도 한다.
- 블루 베이스(Blue Base): 퍼스널 컬러의 유형 중 차가운 이미지로 쿨 톤(Cool Tone)이라고도 부른다.
- 비건 뷰티(Vegan Beauty): 채식주의를 의미하는 비건(Vegan)에서 유래한 말로 동물을 착취하거나 학대해 생산되는 제품과 서비스의 소비를 피하는 뷰티 문화를 뜻한다. 동물성 원료를 지양하고, 동물 실험 대체법을 개발하거나 친환경 포장재를 사용하는 등의 특징이 있다.
- 비비드 톤(vivid, vv): KS톤에서 가장 고채도의 선명한 색으로 활동적인 이미지가 특징이다.
- 비비크림(B.B. Cream): "Blemish Balm"의 약어로 피부를 재생시키고 보호하기 위하여 바르는 크림이다. 피부결을 돋보이게 하고, 피부의 결점을 가려 주는 용도로 많이 사용된다.

- 비트족(Beats 族): 1950년대에 미국에서 현대의 산업 사회를 부정하고 기존의 질서와 도덕을 거부하며 방랑자적인 예술가 세대를 이르는 말이다.
- 비콜로 배색(Bicolore): 프랑스어로 '2색 배색'이라는 의미로 주로 무채색과 비비드 톤의 분명한 대비 효과를 주는 경우가 많다.

ㅅ

- 사이키델릭(psychedelic): 환각제를 복용하여 발생하는 몽환적 감각이나 경험 상태를 독특한 문양이나 자극적 색채 따위로 표현하는 예술 감각을 말한다.
- 색상(色相, Hue): 유채색만이 가지는 색의 고유한 성질로 빛의 파장과 성질에 따라 빨강, 주황, 노랑, 초록, 파랑, 보라, 자주 등으로 구분된다.
- 색상환(色相環, Hue Circle): 색상을 스펙트럼 순서로 둥그렇게 고리 모양의 도표로 배열해놓은 것을 말한다.
- 색조(色調): 톤(Tone)이라고도 부르며, 색의 3속성 중 명도와 채도의 복합 개념이며, 각 톤 명은 소문자로 표기하고, 약자로 줄여(light=lt) 표기할 수 있다.
- 색채(Color): 물체가 빛을 받을 때 빛의 파장에 따라 그 거죽에 나타나는 특유한 빛으로 빛깔이라고도 부른다.
- 서비스 마인드(Service Mind): 생산된 재화를 운반 · 배급하거나 생산 · 소비에 필요한 노무를 제공하는 데 필요한 서비스 의식을 말한다. 고객을 만족하게 하는 데 필요한 개념이다.
- 성장(盛粧): 화장(化粧) 용어로 화려하고 야한 색조 화장을 뜻한다.
- 세퍼레이션 배색(Separation): '분리 배색'의 의미로, 대립하는 두 색 사이에 무채색, 금색 등을 넣어 조화를 이루는 배색이다.
- 셰이딩(Shading): 얼굴이 윤곽이나 콧대를 수정하기 위하여 피부보다 한 톤 진하게 표현해 명암 효과를 주는 것이다.
- 셰이딩 컬러(Shading): 피부보다 어둡고 진하게 표현하는 컬러를 뜻하며, 얼굴이 윤곽이나 콧대를 수정하기 위하여 사용한다.

- 소프트 톤(soft, sf): 중명도·중채도의 수수한 이미지로 편안하고 내추럴한 이미지를 표현할 때 자주 응용한다.
- 소피스트케이트 이미지(Sophisticated (Image): 세련되고 격식을 갖춘 도시적 분위기의 커리어우먼 이미지를 의미한다.
- 속눈썹 연장(延長): 눈 미용 기법의 하나로 속눈썹에 인조 가모(假毛)를 붙여 길이를 연장하는 화장술이다.
- 속눈썹 증모(增毛): 눈 미용 기법의 하나로 속눈썹에 인조 가모(假毛)를 붙여 숱이 많아 보이게 하는 화장술이다.
- 속눈썹 펌(Perm): 속눈썹에 속눈썹 전용 펌(Permanent Wave)제를 사용하여 컬(Curl)을 연출하는 화장술이다.
- 수분 메이크업 베이스(Moisturized Makeup Base): 피부에 고농축의 수분을 공급하여 피부를 촉촉하게 만드는 메이크업 베이스 제품으로 에센스 제형에 가깝다.
- 수축색(收縮色): 실제 크기보다 작게 보이는 색. 어두운색, 채도가 낮은 색, 차가운 색 따위를 이른다.
- 쉬머한 질감(Shimmer Texture): 미세한 펄 감(Pearl)이 들어있는 글로시(Glossy)한 질감을 말한다.
- 스모키 메이크업(Smoky Makeup): 어둡고 짙은 색으로 눈매를 강조하는 메이크업이다.
- 스트라이프 무늬(Stripe): 줄무늬를 뜻하며 2색 이상의 레페티션 배색(Repetition)으로 만들 수 있다.
- 스트레이트 커브(Straight-Curve): 입술 중앙부터 구각까지 직선적인 느낌의 립라인으로 이지적이고 현대적이며 활동적인 이미지를 연출한다.
- 스패출러(Spatula): 주걱 모양의 기구로 화장품을 조금씩 덜어내는 데 사용하며, 영어식 표기로 규범 표기는 미확정된 단어이다.
- 스펀지(Sponge): 메이크업 베이스, 파운데이션 등 리퀴드 제품을 바를 때 사용하며, 주로 라텍스(Latex Sponge)나 해면(Sea Sponge)으로 만든다.
- 스펀지 팁(Sponge Tip): 스펀지 재질의 팁이 붙어있는 브러시로, 아이섀도를 선명하게 바를 때 사용한다.
- 스페이스 룩(Space Look): 우주복 이미지를 가미한 옷차림으로 우주인의 헬멧, 기하학적인 선, 투명한 질감 따위의 디자인 요소를 활용한 것이 특징이다.
- 스펙트럼(Spectrum): 가시광선이 분광(分光)되어 피장의 순서로 배열되어 색의 띠로 보이는 것을 말한다.

- 스크루 브러시(Screw Brush): 나선형 모양의 브러시로 눈썹을 정리하거나 뭉친 마스카라를 빗어 풀어줄 때 사용한다.
- 실루엣(silhouette): 프랑스 재무상의 이름에서 유래한 것으로 윤곽의 안을 검게 칠한 사람의 얼굴 그림을 뜻한다. 복식의 전체적인 외형을 의미하기도 한다.
- 씨씨크림(C.C. Cream): 기초 스킨케어와 얼굴톤 보정의 용도로 사용하는 크림으로 잡티보정은 약하지만 촉촉하고 건강한 피부톤을 연출하기 좋다.

ㅇ

- 아방가르드 이미지(Avant-garde Image): 기성의 예술 관념이나 형식을 부정하고 혁신적 예술을 주장한 예술 운동이다. 전위적인 느낌으로 혁신적이고 실험적인 작품 이미지를 의미한다.
- 아이 메이크업((Eye Makeup): 눈 부근에 화장하는 것의 총칭으로 아이섀도, 아이라이너, 마스카라 등으로 음영이나 입체감을 주어 개성을 살린다.
- 아이라인(Eyeline): 눈꺼풀 부근에 선을 그어 눈을 돋보이게 하는 화장법이다.
- 아이라이너(Eyeliner): 선명하고 또렷한 눈매를 연출하기 위해 눈 주위에 선을 그리는 메이크업 제품이다.
- 아이라이너 브러시(Eyeliner Brush): 아이라이너 제품을 사용하기 위한 얇은 브러시로 섬세하고 또렷한 아이라인을 그릴 수 있도록 숱이 적고 가늘다.
- 아이래시컬러(Eyelashes Curler): 속눈썹에 컬을 만드는 도구로 뷰러(Viewer)라고도 한다.
- 아이브로 메이크업(Eyebrow Makeup): 눈썹 부근에 화장하는 것의 총칭이다.
- 아이브로 브러시(Eyebrow Brush): 납작한 사선형의 얇은 형태로 눈썹을 그리거나 선적인 이미지를 표현할 때 사용한다.
- 아이브로 콤 브러시(Eyebrow Comb Brush): 아이 브로메이크업 시 눈썹색의 농도 조절, 방향, 형태 등을 정리할 때 사용하는 브러시로 헤어가 있는 플라스틱 빗 형태의 브러시이다.
- 아이섀도(Eyeshadow Makeup): 눈꺼풀에 칠하여 눈매를 돋보이게 하는 색조화장품이다.
- 아이섀도 브러시(Eyeshadow Brush): 얇고 민감한 눈 주위에 사용하는 브러시로 주로 피부 자극이 적은 부드러운 천연모로 만든다.

- 아웃커브(Out-Curve): 입술 라인보다 1~2mm 바깥쪽으로 크게 그리는 형태로 성숙하고 관능적인 이미지를 연출한다.
- 아이홀(Eyehole): 눈 두덩이에 움푹 팬 부위이다.
- 아트 메이크업(Art Makeup): 예술적 감각의 요소가 가미된 메이크업이다.
- 아포크린선(Apocrine sweat gland): 대한선(大汗腺)이라고도 부르며 땀샘의 일종이다. 에크린선보다 더 크고, 사람의 경우 겨드랑이와 항문 주위에 분포되어 있다. 사춘기 이후 주로 발달하고, 세균 감염을 일으켜 냄새를 유발하기도 한다.
- 악센트 배색(Accent): '강조 배색'의 의미로, 강조색을 좁은 부위에 사용하여 돋보이게 하는 것이 특징이다.
- 액티브 이미지(Active Image): 적극적이고 활동적인 스포츠 느낌의 이미지를 뜻한다.
- 야용(冶容): 화장(化粧) 용어로 박색을 미인으로, 노인을 젊어 보이게 하는 등 억지로 아름답게 꾸미는 분장을 말한다.
- 에센스(Essence): 피부에 수분과 영향을 공급하기 위하여 바르는 화장품의 종류로 세럼(Serum)이라고도 부른다.
- 에스닉 이미지(Ethnic Image): 비기독교권의 특정 지역의 의상, 장신구 등에서 영감을 얻은 민속적, 민족적인 이미지를 뜻한다.
- 에콜로지(Ecology): 천연 소재와 자연색으로 순수하고 자연스러운 멋을 부각하는 내추럴한 패션 또는 디자인이다.
- 에크린선(Eccrine gland) : 소한선(小汗腺)이라고도 부르며 땀샘의 일종이다. 무색, 무취, 무미로 체온조절과 노폐물 배출을 담당한다. 입술, 음부를 제외한 전신에 분포하며, 손바닥, 발바닥, 얼굴 등에 많이 분포되어 있다.
- 엘레강스 이미지(Elegance Image): 성숙하고 우아한 여성의 이미지를 말한다.
- 여드름 피부(Acne Skin): 피지선에서 과다 분비된 피지가 모공을 막아 염증이 생긴 피부를 말한다.
- 여피족(Yuppies: Young Urban Professiona族): 도시 주변을 생활 기반으로 삼고 전문직에 종사하면서 신자유주의를 지향하는 고소득자 젊은이를 뜻한다.
- 연상(聯想): 하나의 관념이 다른 관념을 불러일으키는 현상이다. 구체적 연상과 추상적 연상 작용으로 구분된다.

- 염장(艷粧): 화장(化粧) 용어로 기생이 했던 요염한 짙은 색조 화장인 분대 화장을 뜻한다.
- 옐로우 베이스(Yellow Base): 퍼스널 컬러의 유형 중 따뜻한 이미지로 웜 톤(Warm Tone)이라고도 말한다.
- 오리엔탈(Oriental): 아시아 계열의 동양풍을 기반으로 하여 전개되는 현대적 패션 또는 디자인을 통틀어 이르는 말이다.
- 오트쿠튀르(Haute couture): 프랑스어로 고급 맞춤 여성복 또는 이러한 옷을 만드는 의상점을 말하며, 고도의 재단 기술과 봉재 기술을 사용하여 정교하게 마무리되는 것이 특징이다.
- 온도감(溫度感): 따뜻하거나 차가운 느낌을 말하며, 따뜻하게 느껴지는 색을 난색(暖色), 차갑게 느껴지는 색을 한색(寒色)이라 한다.
- 옵아트(Op Art): 옵티컬 아트(Optical Art)의 줄임말로 1960년대 미국에서 일어난 추상 미술의 한 흐름이다. 시각적인 착각을 일으키는 비재현적인 감각이 특징이다.
- 워터프루프(Water Proof): 물이 배어들지 않도록 처리하는 가공 기법을 말한다.
- 웜 톤(Warm Tone): 퍼스널 컬러의 유형 중 따뜻한 이미지로 옐로우 베이스(Yellow Base)라고도 말한다.
- 유니섹스 룩(Unisex Look): 의상이나 머리 모양 따위에서 남성과 여성의 구별이 없는 디자인을 말한다.
- 유사색상(類似色相, Similarity) 배색: 색상환에서 인접한 색들을 조합하여 자연스럽고 부드러운 조화를 이루는 배색 방법이다.
- 유채색(有彩色, Chromatic Color): 무채색을 제외한 모든 색상이 있는 색으로 색상, 명도, 채도의 색의 3요소에 의해 색을 구분한다.
- 육안측색(Visual Testing): 직접 눈으로 보고 색을 분석하는 기법이다.
- 응장(凝粧): 화장(化粧) 용어로 농장과 유사하나 더욱 또렷하게 꾸민 신부 화장의 의례 차림을 말한다.
- 이너 뷰티(Inner Beauty): 먹는 화장품을 통틀어 이르는 말로 화장품을 바르는 인위적인 방법으로 피부 표면만을 일시적으로 좋게 만드는 것이 아니라 식습관, 생활습관 등을 통해 내부에서부터 건강한 피부를 가꾼다는 뜻으로 사용된다.
- 이미지메이킹(Image Making): 다른 사람이 어떤 대상을 보거나 생각할 때 갖게 되는 인상을 의도적으로 만들어내는 일로 긍정적인 이미지를 목표로 한다.

- 이미지 스케일(Image Scale): 각각의 색이 표현하거나 연상시키는 이미지를 객관적 통계에 따라 만든 척도로 형용사, 단색, 배색의 3가지 이미지 스케일이 있다.
- 인조 속눈썹(False Eyelashes): 가공하여 실제와 비슷하게 만든 속눈썹으로 메이크업 과정에서 속눈썹이 풍성해 보이게 하며, 눈매를 크고 또렷하게 보이게 한다.
- 인커브(In-Curve): 입술 라인 1~2mm 안쪽으로 얇게 그리는 형태로 귀엽고 여성스러운 이미지를 연출한다.
- 일체형 속눈썹(Strip Lashes): 속눈썹 모가 하나로 이어져 있는 타입으로 사용이 간편하고, 눈이 또렷해 보인다.

ㅈ

- 자외선 차단제(紫外線遮斷劑, Sunblock): 자외선으로부터 피부를 보호하고 햇볕에 그을리는 것을 방지하기 위하여 바르는 제품이다.
- 젠더리스(Genderless): '성(性)의 구별이 없는', '중성적인'이라는 뜻으로 1990년대 들어 국제적으로 성별을 지칭하는 용어로 권장되고 있는 젠더(Gender)에서 파생된 용어이다. 패션업계에서 젠더리스는 성별의 특징적인 구분이 사라지는 트렌드를 뜻한다.
- 젤 타입(Gel): 유분감이 많아 부드러운 제형이다.
- 주목성(注目性): 이나 빛에서, 자극이 강하여 눈에 잘 띄는 정도를 말하며 채색보다는 유채색, 저채도보다는 고채도, 한색보다는 난색이 주목성이 크다.
- 중량감(重量感): 물체의 무게가 느껴지는 감정으로 색의 3속성 중 명도의 영향을 가장 많이 받는다. 저명도의 어두운 색이 고명도의 밝은색보다 무거워 보인다.
- 중성피부(Normal Skin): 피지선과 한선의 생리 기능이 균형을 이룬 상태로 피지와 땀의 분비가 적당하여 촉촉하며 피부 당김이 적은 건강한 피부이다.
- 지성 피부(Oily Skin): 피지선의 항진으로 피지가 과다 분비되어 번들거리고 모공이 넓은 특징이 있다.
- 진정색(鎭靜色): 색을 통해 감정이 가라앉는 것을 말하며 일반적으로 푸른색 계열의 색이 차분하게 보인다.

- 진출색(進出色): 앞쪽으로 두드러지게 나타나 보이는 색으로 명도와 채도가 높고 따뜻한 색이 진출하여 보이는 특성이 있다.
- 진피(眞皮): 피부 구조 중 하나로 표피(表皮)와 피하지방 사이에 위치하여 피부를 형성한다.

ㅊ

- 채도(彩度, Chroma): 색의 맑고 탁한 정도를 의미하는 것으로 선명한 정도에 따라 고채도, 중채도, 저채도로 분류한다.
- 체크 무늬(Check): 바둑판 모양의 무늬를 뜻하며 2색 이상의 레페티션 배색(Repetition)으로 만들 수 있다.
- 촉진(觸診): 손으로 만져서 진단하는 일 또는 진찰법으로 손으로 직접 만져 촉각으로 진단하는 피부 분석 방법이다.
- 촉촉한 질감(Moist Texture): 물기가 있어 젖은 듯한 질감을 말한다.
- 측색기(Colorimeter): 시료면의 색채 측정을 위해 3속성의 값을 구하는 기기로 퍼스널 컬러 진단 시 신체색을 진단하는데 사용할 수 있다.
- 치크 메이크업(Cheek Makeup): 얼굴에 입체감과 생기를 주기 위하여 얼굴의 중앙에 해당하는 볼 부분에 메이크업하는 것이다.
- 치크 브러시(Cheek Brush): 부드럽고 풍성한 천연모로 만든 브러시로 치크 메이크업 또는 셰이딩 표현 시 사용한다.
- 친환경 화장품(Clean Beauty): 생산부터 소비되고 버려지는 과정이 환경친화적인 화장품을 의미한다. 화학성분의 사용을 최소화하여 물에 생분해되고, 버려졌을 때 자연스럽게 부패하는 과정을 통하여 자연으로 돌아가는 화장품이다.

ㅋ

- 캐릭터 메이크업(Character Makeup): 극 속 등장인물의 특징을 시각적으로 표현하는 분장을 말한다.
- 컨실러(Concealer): 얼굴의 잡티를 가리기 위해 바르는 화장품으로 파운데이션으로 미처 가리지 못한 주근깨, 기미, 뾰루지 자국을 가리는데 사용한다.

- 컨실러 브러시(Concealer Brush): 리퀴드 또는 크림 제형의 컨실러 제품을 바를 때 사용하는 브러시로 주로 짧고 탄력 있는 인조모로 만든다.
- 컨투어링 메이크업(Contouring Makeup): 사전적 의미는 '외형형성', '윤곽형성'이란 뜻으로 얼굴윤곽을 살려주어 입체적으로 보이게 하는 메이크업 방법이다.
- 컬러 컨트롤 베이스(Color Control Base): 피부 톤에 따라 컬러를 선택하여 피부 톤을 보정하는 제품이다.
- 컬링 마스카라(Curling Mascara): 마스카라 솔이 얇고 휘어져 있으며 강도가 뛰어난 마스카라 액이 들어있어 속눈썹 뿌리부터 컬을 유지하게 한다.
- 케이크 타입(Cake): 고형 제형을 의미하며, 파운데이션, 아이라이너 등의 제품에서 케이크 타입의 제품이 출시된다.
- 콘트라스트 배색(Contrast): '보색 배색'이라는 의미로, 보색에 가까운 색의 조합으로 화려하고 활기찬 느낌의 배색이다.
- 쿨 톤(Cool Tone): 퍼스널 컬러의 유형 중 차가운 이미지로 블루 베이스(Blue Base)라고도 말한다.
- 크림(Cream): 리퀴드 제형에 비해 유분 함량이 높아 상대적으로 무거운 질감으로 지속력이 좋다.
- 클래식 이미지(Classic Image): 고전적이고 단아한 이미지를 뜻한다.
- 클렌징 로션(Cleansing Lotion): 얼굴의 화장을 닦아내기 위하여 사용하는 로션 형태의 화장품으로 사용 후 티슈나 해면 등으로 닦아낸다.
- 클렌징 오일(Cleansing Oil): 얼굴의 화장을 깨끗이 지우는 데 사용하는 기름 형태의 화장품으로 물을 묻히면 쉽게 용해되어 물에도 잘 지워진다.
- 클렌징 워터(Cleansing Water): 얼굴의 화장을 깨끗이 닦아내기 위해 사용하는 액상 형태의 화장품으로 화장솜에 묻혀 피부결 방향으로 닦아내듯 사용한다.
- 클렌징 젤(Cleansing Gel): 수용성으로 물로 헹구어 내는 유형의 세정용 화장품으로 세정력이 높고 산뜻한 특징이 있다.
- 클렌징 크림(Cleansing Cream): 얼굴의 화장을 깨끗이 닦아내는 데 사용하는 화장용 크림으로 유분 함량이 높아 짙은 메이크업을 클렌징하기 좋다.
- 클렌징 티슈(Cleansing Tissue): 세수하기 전에 피부에 바른 화장품을 깨끗이 닦아내는 데 사용하는 미용 티슈로 세정 성분을 함유하고 있다.

- 클렌징 폼(Cleansing Foam): 거품을 일으켜서 얼굴에 남아 있는 화장 찌꺼기나 노폐물을 제거할 수 있게 만든 화장품이다.

E

- 태닝(Tanning): 피부를 자외선에 노출하여 갈색으로 그을리는 것이다.
- 토너(Toner): 기초화장품의 하나로 건조하고 거칠어진 피부에 촉촉함을 주고 산뜻하게 정돈해주는 유연화장수를 말한다.
- 토너패드(Toner Pad): 화장솜에 토너가 적셔 있어 간편하게 사용하는 제품이다.
- 토널 배색(Tonal): 덜 톤(dull), 소프트 톤(soft) 등의 중명도, 중채도의 색상끼리의 배색을 의미한다.
- 톤(Tone): 색조(色調)라고도 부르며, 색의 3속성 중 명도와 채도의 복합 개념이며, 각 톤 명은 소문자로 표기하고, 약자로 줄여(soft=sf) 표기할 수 있다.
- 톤업(Tone Up): 피부 또는 모발의 톤을 올린다는 의미로 한 톤 밝게 해주는 것이다.
- 톤온톤 배색(Tone on Tone): 톤 위에 톤을 겹쳐 배색한다는 의미로 '동일 색상 배색', 즉 톤이 다른 동일 색상을 선택하여 배색하는 것이다.
- 톤인톤 배색(Tone in Tone): 같은 톤 안에 포함된 색상끼리의 배색이란 의미로 '동일 톤 배색' 즉 같거나 유사한 톤 안에서 색상의 차이를 주는 배색이다.
- 톤 코렉팅(Tone Correcting): 메이크업 기법의 하나로 컬러 코렉팅(Color Correcting)이라고도 한다. 피부톤의 불균형이나 색상 문제를 보정하기 위해 다양한 색조의 제품을 사용하는 것을 말한다.
- 투명 마스카라(Transparent Mascara): 마스카라가 잘 번질 때, 투명한 제형의 마스카라를 덧바를 수 있으며 눈썹의 결을 정리할 때도 사용한다.
- 투웨이 케이크(Two-way Cake): 파우더와 파운데이션을 믹싱하여 압축시켜 커버력, 밀착력, 지속력이 좋다.
- 트렌드 메이크업(Trend Makeup): 유행을 반영하여 연출하는 메이크업 기법이다.
- 트리콜로 배색(Tricolore): 프랑스어로 '3색 배색'이라는 의미로 프랑스, 독일, 러시아, 콜롬비아 등 국가의 국기와 같이 비비드 톤(vivid) 또는 무채색을 함께 배색하는 경우가 많다.

- 특수분장 메이크업: 라텍스, 더마왁스, 콜드폼 등 특수 메이크업 재료를 활용하여 연출하는 캐릭터 메이크업이다.
- 틴트 타입(Tint): 묽은 액체 타입의 연지 제품으로 손이나 스펀지를 이용해 빠르게 발라준다.
- T·P·O 메이크업: 웨딩 메이크업, 파티 메이크업 등 시간, 장소, 상황에 따라 어울리게 연출하는 메이크업이다.

ㅍ

- 파우더 퍼프(Powder Puff): 파우더를 바를 때 사용하는 도구로 주로 면과 우단으로 만든다.
- 파운데이션(Foundation): 피부표현 메이크업 기법의 하나로 기미, 주근깨, 여드름 자국 등의 피부 결점을 커버하고, 얼굴의 윤곽을 수정하고 입체감을 표현한다.
- 파운데이션 브러시(Foundation Brush): 메이크업 베이스, 파운데이션 등의 리퀴드 또는 크림 베이스 메이크업 제품을 바를 때 사용하는 브러시로 주로 탄력 있는 인조모로 만든다.
- 파스텔 색조(Pastel Color): 밝고 엷은 빛깔 또는 부드러운 중간색으로 화이티시 톤, 페일 톤 등의 색을 말한다.
- 판타지 메이크업(Fantasy Makeup): 추상적이고 초현실적인 메이크업 기법으로 보통 강하고 화려하게 표현한다.
- 팔레트(Pallet): 메이크업 재료를 소량 덜어내어 사용하거나 섞어서 사용하기 위해 사용한다.
- 팝아트(Pop Art): 'Popular'에서 유래한 팝아트는 일상생활에서 쉽게 접할 수 있는 물건이나 이미지를 다루는 현대미술의 한 경향으로 1950년대 후반부터 1960년대까지 전성기를 구가하였다.
- 팬 브러시(Fan Brush): 부채꼴 모양의 브러시로 여분의 파우더나 아이섀도 등의 가루 제형을 털어낼 때 사용한다.
- 팩(Pack): 피부에 수분과 영양을 공급하고, 피부의 신진대사를 촉진하는 목적으로 사용하는 기초화장품의 유형이다.
- 팬케이크 메이크업(Pancake Makeup): 얇고 납작한 고형분(固形粉)의 파운데이션을 사용한 베이스 메이크업 기법이다. 수용성으로 물에 개어 사용하며, 다소 두껍고 밝은 피부 표현에 적합하여 1930년대 영화 분장용으로 여배우들 사이에 널리 사용되었다.

- 팽창색(膨脹色): 실제 크기보다 크게 보이는 색. 밝은색, 채도가 높은 색, 따뜻한 색 따위를 이른다.
- 퍼스널 컬러(Personal Color): 개인이 가진 피부톤, 모발의 색, 눈동자의 색 등의 신체색에 잘 어울리는 색을 말한다.
- 펄 메이크업 베이스(Pear lMakeup Base): 미세한 펄감이 들어있어 글로시한 피부표현이 가능하다.
- 펄 아이섀도(Pearl Eyeshadow): 미세한 광채 펄 입자의 아이섀도 제품으로 펄파우더 또는 스타파우더 등으로 불린다.
- 펑크 룩(Punk Look): 과격하고 공격적인 패션 스타일로 1970년대 경제 불황 시기의 노동자 계층에서 유행한 펑크 문화 특유의 성격에 맞춘 이미지를 특징으로 하는 패션이다.
- 페이스 브러시(Face Brush): 브러시 세트에서 가장 크기가 큰 브러시로 파우더를 바르거나 털어낼 때 사용한다.
- 페이스 파우더(Face Powder): 베이스 메이크업의 마무리 단계로 파운데이션의 밀착력과 지속력을 높여주고, 과도한 유분을 제거하는 역할을 한다.
- 페이스 프로포션(Face Proportion): 이상적인 얼굴의 균형 비율을 말한다.
- 페일 톤(pale, pl): 순색에 6배의 흰색이 섞인 파스텔 계열의 색상으로 여성스럽고 로맨틱한 이미지에 어울린다.
- 펜슬 샤프너(Pencil Sharpener): 아이브로 펜슬, 아이라이너 펜슬 등 펜슬 형태의 메이크업 제품을 깎을 때 사용한다.
- 페이스 페인팅(Face Painting): 수성물감, 유성물감 등 인체용 아트 메이크업 제품을 사용하여 얼굴 위주로 표현하는 예술적인 메이크업이다.
- 포인트 메이크업(Point Makeup): 색조 메이크업이라고도 하며, 일반적으로 베이스 메이크업 후 진행되고 얼굴 부위에 따라 아이브로 메이크업, 아이 메이크업, 치크 메이크업, 립 메이크업으로 분류된다.
- 표피(表皮): 피부 구조 중 하나로 피부의 가장 바깥층이다. 육안으로 보고 직접 만질 수 있는 부위이며 혈관과 신경이 없는 상피세포이다.
- 프레스드 파우더(Pressed Powder): 루스 파우더를 압축시켜 고체형으로 케이스에 담은 제품으로 휴대가 간편하여 콤팩트 파우더라고도 한다.
- 프라이머(Primer): 실리콘이 함유된 메이크업 베이스 제품으로 피부의 울퉁불퉁한 요철이나 모공 등을 메꾸어 매끈한 피부를 연출한다.

- 피니시 파우더(Finish Powder): 펄이 함유되어 얼굴에 입체감을 주거나 화사하게 연출할 때 사용하며, 베이스 메이크업의 마무리용으로 사용한다.
- 피지선(皮脂腺): 진피에 있는 분비선으로 모낭 옆에 있으며 지방을 분비하여 피부에 광택, 유연성, 탄력성을 준다.
- 피하조직(皮下組織): 피부 조직 중 가장 아래층으로 영양소를 저장하고, 수분 조절 및 체온 조절 기능을 한다. 외부 충격으로부터 신체를 보호할 수 있다.
- 핀셋(Tweezer): 눈썹을 뽑거나 이물질을 제거할 때 사용하는 기구로 인조속눈썹, 큐빅 등을 잡아 붙일 때도 사용한다.

ㅎ

- 하이라이터(Highlighter): T존, 광대뼈 등 돌출되어 보이거나 광택이 나게 하여 두드러져 보이고자 하는 부위에 반짝이는 질감의 제품을 응용하여 입체적으로 연출한다.
- 하이라이트 컬러(Highlight color): 베이스 컬러보다 1~2톤 밝은색으로 T존, 광대뼈 등의 부위를 진출되어 보이게 하거나, 눈 밑을 밝혀주고, 넓어 보이는 효과가 있다.
- 한색(寒色): 파란색 계통의 색으로 차가운 느낌을 주는 색이다.
- 화이티시 톤(whitish, wh): 비비드 톤에 다량의 흰색을 섞어 만든 색으로 KS톤 중 가장 고명도의 밝은색이다.
- 화장솜(Cotton Pad): 화장용 솜으로 라퀴드 제품을 발라 피부결을 정리하거나 토너를 흠뻑 묻혀 스킨팩 용도로 사용한다.
- 후퇴색(後退色): 더 멀리 있는 것처럼 보이는 색으로 명도와 채도가 낮고 차가운 느낌이 다는 색이 후퇴하여 보이는 특성이 있다.
- 흥분색(興奮色): 자극이나 흥분을 일으키는 색을 뜻하며, 일반적으로 붉은색 계열의 색이 흥분색이다.
- 히피 룩(Hippie Look): 1960년대 나타난 히피 문화가 반영된 디자인이다. 히피란 기성의 가치관 · 제도 · 사회적 관습을 부정하고, 인간성의 회복 · 자연과의 직접적인 교감 따위를 주장하며 자유로운 생활 양식을 추구하는 젊은이들을 뜻한다.

뷰티 일러스트레이션

참고문헌

강근영, 류지원, 오인영, 이숙연(2020), ALL ABOUT MAKEUP, 메디시언

권혜숙, 황선진, 권혜욱, 김윤(2004), 패션과 이미지메이킹, 수학사

김미경, 이영희(2024), 미용 교육 과정의 색조 메이크업 일러스트 표현 연구 : 계절별 컬러를 중심으로. 한국인체미용예술학회지, 25(4), 163-179. 10.18693/jksba.2024.25.4.163

김미영(2008), 효과적인 메이크업을 위한 계절별 색채연구. 한국피부미용향장학회지, 3(2), 87-96.

김정은(2004), 패션트렌드에 따른 토탈메이크업 경향, 한성대학교 예술대학원 석사학위논문

김춘득(2007), 메이크업의 계절에 따른 브랜드 광고의 변화 연구 -1960~1970년대 브랜드 광고를 중심으로-. 한국미용학회지, 13(1), 134-146.

김혜경(2013), FASHION TREND IMAGE, 교문사

노희영, 안금희(2011), 화보 이미지에 나타난 여배우들의 메이크업과 헤어스타일 분석 : 2009년, 2010년 보그(Vogue)를 중심으로. 한국디자인문화학회지, 17(3), 222-231.

박소정, 오인영(2024), 뷰티컬처와 트렌드, 구민사

박효원, 송서현, 유한나(2019), 뷰티색채학, 성안당

백아름(2015), 패션잡지 VOGUE 화보에 나타난 이미지별 뷰티디자인 트렌드 분석, 서경대학교 미용예술대학원 석사학위논문

서란숙(2018), 퍼스널 이미지 컬러진단에 따른 메이크업과 헤어 이미지 메이킹 연구-봄 이미지를 지닌 가을타입을 중심으로-. 한국미용학회지, 24(4), 719-726.

송서현, 유한나, 윤오선(2018), NCS 기반 기본 메이크업, 진샘미디어

신기선(2017), 패션 매거진 표지를 통한 메이크업 트렌드 비교분석-보그지 중심으로-, 성신여자대학교 뷰티융합대학원 석사학위논문

오세희(2007), 오세희의 스타일메이크업, 성안당

오인영, 송서현, 유한나(2023), 이미지&스타일링 업, 구민사

오인영, 이수미, 안성준(2021), 메이크업 & 패션 스타일링을 위한 디자인 발상, 메디시안

오인영, 임유경, 김유경(2022), 방송. 영화. 공연 캐릭터 메이크업 디자인, 구민사

오정은(2006), 현대 메이크업에 나타난 꼴라쥬 형태 및 표현특성, 경성대학교 대학원 석사학위논문
유혜정(2009), 영화 캐릭터에 표현된 패션 이미지연구, 성균관대학교 디자인대학원 석사학위논문
윤은재, 김혜균(2012), 한국 남성 아이돌 스타의 뷰티이미지에 대한 연구, 디지털융복합연구, 10(11), 651-658.
윤희주(2017), 패션 이미지에 따른 네일아트 디자인연구, 숙명여자대학교 라이프스타일 디자인대학원
이고은, 민경원(2022), 영화 〈광해, 왕이 된 남자〉에 등장한 이병헌 배우의 캐릭터에 따라 변화된 분장 요소 연구, 한국 엔터테인먼트산업학회논문지, 16(1), 23 - 32
이숙연, 정영미, 김미현, 오인영(2009), 코디네이트 미학, 훈민사
이승주(2004), 패션쇼에 나타난 메이크업 트렌드 이미지에 관한 연구, 중앙대학교 예술대학원 석사학위논문
이지현(2013), 20세기 할리우드 영화에 나타난 트렌드리더의 패션과 뷰티 스타일 연구, 서경대학교 대학원 박사학위논문
장연아, 최문희(2015), 계절에 따른 웨딩 메이크업 디자인 선호도 연구. 브랜드 디자인학연구, 13(2), 313-322.
장현숙(2004), 패션쇼에 나타난 메이크업에 관한 연구, 조선대학교 디자인대학원 석사학위논문
정유림, 이영아(2022), 뉴 시니어 여성 연예인의 메이크업 형태와 색채의 특성 분석, 한국 휴먼이미지디자인, 4(1), 178-195.
정은이(2003), 현대 패션쇼에 나타난 메이크업에 관한 연구, 조선대학교 산업대학원 석사학위논문
최소현, 김선형(2012), 한국 아이돌 가수의 메이크업 분석 -2011년 활동 중인 남성·여성아이돌을 대상으로-. 한국인체미용예술학회지, 13(2), 7-23.
한국 뷰티스타일리스트협회(2013), 뷰티스타일리스트, 파워북

Guevara, J.(2015). The Evolution of Daytime Beauty Rituals. Journal of Beauty and Cosmetology, 12(3), 102-115.